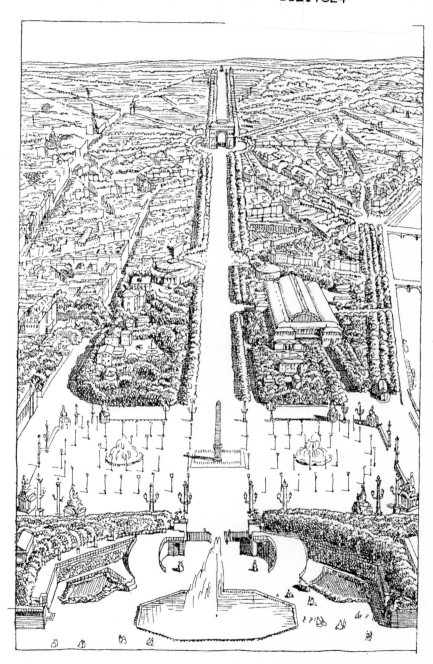

城镇与建筑

TOWNS AND BUILDINGS

斯坦·埃勒·拉斯穆森　著

韩　煜　译

天津大学出版社

TIANJIN UNIVERSITY PRESS

Towns and Buildings by Steen Eiler Rasmussen

Copyright © 1949 and 1951 by Steen Eiler Rasmussen

Simplified Chinese edition copyright © 2013 Tianjin University Press

Published by arrangement with the MIT Press through Bardon-Chinese Media Agency

All rights reserved

天津市版权局著作权合同登记图字 02-2008-97 号

本书中文简体字版由麻省理工学院出版社授权天津大学出版社独家出版。

图书在版编目（CIP）数据

城镇与建筑 /（丹）拉斯穆森著；韩煜译. 一天津：
天津大学出版社，2013. 1
ISBN 978-7-5618-4503-5

I. ①城… II. ①拉… ②韩… III. ①城市规划—建
筑史—欧洲 IV. ① TU-098.15

中国版本图书馆 CIP 数据核字（2012）第 235107 号

出版发行	天津大学出版社	
出 版 人	杨欢	
地　　址	天津市卫津路 92 号天津大学内（邮编：300072）	
电　　话	发行部：022-27403647　邮购部：022-27402742	
网　　址	www.tjup.com	
印　　刷	北京信彩瑞禾印刷厂	
经　　销	全国各地新华书店	
开　　本	787×1092　1/16	
印　　张	13	
字　　数	260 千	
版　　次	2013 年 1 月第 1 版	
印　　次	2013 年 1 月第 1 次	
定　　价	40.00 元	

序 言

我们可能被大街上一栋奇特的房屋牢牢吸引，但对整条街道却没有留下任何深刻的印象。无论多么简单的事物，我们都会很轻而易举地发现它的风格流派，旨在通过区分看似琐碎、微小的特点阐释各个历史时期的差别。事实上，如果像古物研究者一样，能够判别出一些可爱的物品属于哪一文化历史时期的产物，确实是一件令人兴奋的事。好像集邮者对邮票的齿孔和错印，怀有几近痴迷的趣味。

要想获得辨别与分析建筑物的能力，旅行颇有裨益。凡旅行指南里提及的那些博物馆是一定要去参观的，博物馆里每一件收藏品都是绝妙珍品。旅行指南也列举了全部建筑名录，建议观光者去观赏。这类书籍是专为游客编辑的，一位观光客到了陌生的地方，总要按照指南标注了三颗星的胜迹去游览一番。可是大城市里除了博物馆收藏着大量艺术品外，其他也没有值得可以流连忘返的地方。

德国和日本出版了几本很好的导游书籍，介绍了北京每一座宫殿和寺庙的细节信息，但是对于北京城本身却没有特别介绍。其实北京是世界上诸多奇迹之一，该城对称布局，是一座独特、不朽的都城，显示了当时极高度的文明——这是要我们亲身体会才能知道的。还有那具有九边城墙的新帕尔玛（Palma Nuova，意大利东北部小城），完全是按几何图形建造而成，精致得如同冰雪的结晶，意大利的旅行手册将它规列为设防型城市。

本书将城市作为表达一定理想的整体展现给读者。独立的纪念碑、建筑物都作为整体的一部分。每座城市采用了不同的介绍方式，每一章有一个主题，因为世界上没有两座城市的设计是互相雷同的。设计一座城市，通常只要把关键的几条主线画在图上，再明确其他要素的排布，然后处理各项细节，诸如纪念建筑、普通住宅及街道等。另一种情形是先决定纪念性建筑物及其四周建筑的形式，然后以该建筑物为中心，依次把其余部分一一列入。有的时候通过观察城市的共同特征获取信息，有的时候需要搜寻新鲜事物的特殊线索。

为了使各种相同点与差异易于理解,作者把大部分的都市平面图按 1:20000 的比例重新绘制,这样可以有趣地比较中世纪的市镇和古希腊及古罗马城市的面积和其他有关要素,比如现代城市道路交通网等。可惜截至目前,还没有一本书能把现代大都市各方面的重点都细细列举出来,并与早期的市镇作一比较,实因现代都市范围太大,无法涵盖如此繁多的内容。就以对巴黎的研究为例,采用了简化的比例尺度,将比例尺缩小一半,而后再缩为五分之一,这样才能保持一个比较基础。

许多名胜采用 1:2000 的比例尺,才可把古希腊市场、罗马的卡皮托林山 (Capitoline Hill) 或哥本哈根的阿美琳堡广场 (Amalienborg Place),作直接比较。

本书不仅仅将建筑作为纪念物加以阐释。建筑的目的是建造房屋供人居住,当然建筑物的立面占有重要的地位,可是本书所涉及的建筑物,不仅是描绘其外表,还要弄清楚室内与室外的关系、房屋建造时的人民生活状况及当时的建筑技术水准,才能了解当时的室外装饰何以如此复杂考究。要把这些事情以图解形式详细说明并使人获得一个印象是很艰难的。从技术观点而言,要造房屋必须绘制好平面图、立面图及剖面图。若使其成为一幢优秀的建筑物,那么这些图纸都要协调一致,对建筑师来讲很容易明白,可是内容抽象,不易使人心领神会。从照片上看来,见到的往往是富丽的外表,却没有一张室内或室外的照片或图样,能拿来说明各房间相互的关系,及与整幢大厦的关联。因此,本书尝试用另一种图解叙述的方法,即把介绍的房屋或它的透视图,印在每一页的上端,并加以说明,好像这幢房屋就竖立在观众的面前。在图下或相应位置,是对该房屋的介绍,就像玩具小屋,把正面的墙壁除掉,可以见到室内房间的情形。这样,我们得见隐藏在外墙上门窗后的天地。再下面,我们将提供一些较普通剖面图更明晰的室内图片,譬如把上一层的楼板除去,俯视底层,得见这些主要房间布局的情形。

这一方法以精准的方式将建筑清楚地呈现出来,其他图解分析方法几乎无法与之相媲美,而且该方法易于理解掌握。连小孩子都会感觉有趣,他们乐于探究"里面到底有些什么",可以想象自己在房间中走上一圈。将全部信息浓缩融入一页图纸,正是作者的本意,如果改用其他述解方式则需要许多页纸才能表达清楚。作者筹划编写本书是想把大量的资料纳入有限的空间里去，但是这种图解方式需用较高的费用成本来制图，假使哥本哈根的新嘉士伯基金会（New Carlsberg Foundation of Copenhagen）没有为本书的原始丹麦版本支付巨额的绘图及制版费用，那么这本书恐怕也不能如愿以偿地出版了。

但是精确比例尺的绘图，无法提供一幅完整的建筑图景。在1945年策划本书的丹麦版本时，拟用高质量的纸张复制精密图表的计划没能实现，后来只好采用线图作为插图，用线图来制版对纸张的要求较低。因此，凡按比例尺度绘制的插图，均为版画或木刻画来复制，简单的素描或轮廓略图也是这种方法，不过这些插图与素描的混编结集与纯正的建筑绘图与规划图纸比较起来，确实显得有些文不对题并且模糊不清。盼望读者能把它们视作有趣的珍闻来欣赏——同时在旁注里，作者还写上一些旅行时回忆所及的观感，或是几句简短的插话；作者特地注在旁边，冀图心灵上的感触与读者共鸣。

精致地复制照片效果更好，如果想要揭示更多的内容信息就会太占篇幅。正如前文所提及的，本书旨在把有关城市与建筑物的内容加以浓缩，而不再夸张使成巨著。作者不是系统地展现城市规划与建筑史，而是根据主题以不拘形式的组织序列进行阐释，这将是一项很有趣的研究。作者希望本书能带给热心建筑事业的读者一种新的观念，就像在探索之旅当中能发现些全新的知识，或在熟悉的旧闻中得到新的启示。

本书英译本与丹麦原版略有出入，作者努力不改变书稿的基本特色，使各章的篇幅与内容保持谐调一致。部分章节酌增资料，有些篇章则进行了缩减，但都不违背本书宗旨。荷兰文版是新近发行的。通过本书作者与伊芙·温特夫人（Mrs. Eve Wendt）紧密配合，付出了艰苦劳动终于把书稿的风格特色与精神主旨都译成了英文。还要感谢弗洛拉（Flora）和戈登·史蒂文森（Gordon Stephenson）对初稿和校样的精心审读与宝贵建议。同时，制版公司与印刷厂在技术方面的热心合作使本书印刷精美，尤使作者深感快慰。

斯坦·埃勒·拉斯穆森

目　录

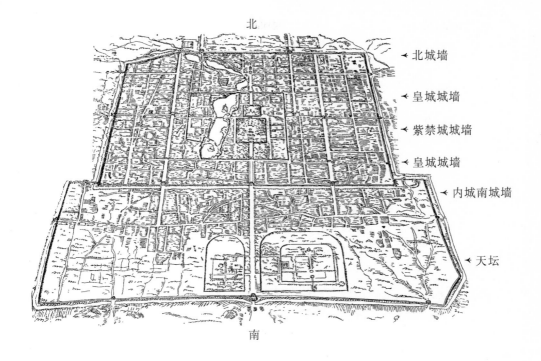

北

北城墙

皇城城墙

紫禁城城墙

皇城城墙

内城南城墙

天坛

南

庙宇般的城市　**THE CITY A TEMPLE**

北京，这座中国古都！人类有史以来从未有过如此壮丽辉煌的城市规划先例。

这是一座拥有百万居民的都市，但与我们概念中的大都市却完全不同。住宅区里散布着绵延长达数英里（责编注：1英里≈1.6公里）的狭窄胡同小巷，道路上尘土飞扬，小巷两旁全是灰色单层的住屋，庭园里遍植花木，绿色的树顶探出墙外，颇有乡村风味，但比起乡村来却又大得太多了。城的一侧有3英里长，另一侧有5英里长，与乡村风貌住宅区同时共存的是全城雍容堂皇的另一面。比巴黎的林荫道还要宽阔的笔直道路贯穿全城，令欧洲各国的首都望而却步。

北京是按照一套系统的设计规则逐步兴建而成的，照欧洲人的眼光来看，其中既有神秘主义的内涵，又

1

庙宇般的城市

是常识惯例所成就，但这些解释语汇均非恰当。如用欧洲文化来衡量中国的思想观念，肯定无法求得适切完整的解答。

在丹麦的很多地区，有一种世代相传的惯例，就是在建屋时，先在空地上确定房屋的方位。在这里，这一景象司空见惯，例如从日德兰（Jutland）的西海岸沿北海海岸线，向右进入法国北部，那一带的房屋都筑有长且平行的侧屋，蹲伏在沙丘下面，借以避免强劲西风的侵袭。这种建筑方式与中国人总是把房屋朝向南方，实有异曲同工之妙。因为在某些季候，阳光炙热，暑气迫人，房屋朝南施建，并筑有高大、突出的屋顶，是最为必要的。查考那些遗留下的古旧屋宇，再研究中国传统建筑原理，莫不与天地、鬼神等理论相吻合。这些不成文的条律无可自圆其说，在欧洲只有建造庙宇和礼拜堂时，才有出现相同的清规戒律。譬如在古代教堂里的牧师席位必须放在礼拜堂的东端，这与经验常识毫无关系，仅是仪制罢了。中国的房屋也很着重仪礼，如果对某一件事没有惯例可循，便要向似乎执掌有大自然权力的僧侣们请教咨询。试想，建造一座房屋、一幢庙宇都要依据古制仪礼，那么着手兴建皇朝帝国的京师，该是多么庄重的事情啊！北京实在比任何一国的首都面积都大，这里乃是皇帝驻节之地，而那时的皇帝已经被神化了，被尊为"天子"，有替天执行宗教领袖的职责，其权威远高于国王或君主。每年隆冬，皇帝必要亲临天坛祈祷上苍，求赐丰收。他扮演了人民心目中的精神领袖，他的龙座是神圣不可侵犯的，他的金銮殿也像庙宇似的朝向正南，整个城市均成为这座庙宇的属地了。

天安门大街是北京城最大的特征，街上铺着宽阔的石板，自金銮殿向南直达城的南端，即天坛和先农坛所在地。

北京城的都市规划使人联想起约公元前450年时希腊历史学家希罗多德（Herodotus，公元前484年——

1926年喜仁龙（Oswald Sirén，1879—1966，瑞典艺术史家）所著《北京城的皇宫》（*Imperial Palaces of Peking*）中的照片及插图巧妙地介绍了故宫。

请参见第4页的插图。

环绕着北京的城墙与护城河。

庙宇般的城市

公元前425年）述及过同样重要的古都——巴比伦，该城是贸易和宗教中心。根据希罗多德的描述，巴比伦城墙巨大而规整，阅兵大街（Processional Road）从宫殿直达庙宇；但最近的考古挖掘证明他的描述有些理想化了，发现该城并非像他所述的那样壮伟。可是北京却早已把这个理想变为了现实，成群结队的骆驼商队跋涉越过大平原，沿着古长城逐渐进入古城，昔日《圣经》上所叙述的行旅景象，真实地再见于今日。护城河两岸，成群的牛羊在那儿娴静地吃着青草。北京城是一圈又一圈的城墙所围合起来的，直到最神圣的紫禁城，这里是皇帝的禁宫，皇帝起居所在之处，入侵者是无法逾越的。住宅区苍白黯淡的灰墙、灰瓦顶与紫禁城的红墙、五彩缤纷的柱梁和金黄耀目的琉璃瓦相比，根本不可同日而语。根据礼制，只有皇帝的宫殿才准用黄色屋顶，所谓紫禁城的"紫"字，实际上与颜色无关，只不过暗示着紫极星，表示位居世界中心；皇城位居正中，世界在引力作用下围绕着皇城。儒家和道家也都尊重皇帝的地位。紫禁城内的建筑完全是沿着南北轴线对称而建，巨大的厅堂和院落，包括寝宫、后妃们居住的房舍及庭院、太监执事们的住屋。紫禁城以外即是皇城，也有城墙包围着，是一个

罗伯特·考德威（Robert Koldewey，1855—1925，德国建筑师、考古学家）1913年出版的《再次崛起的巴比伦》（*Das wieder erstehende Babylon*）。

喜仁龙所著1924年伦敦出版的《北京的城门和城墙》（*The Walls and Gates of Peking*），用精美的插图记述了北京的城墙。

3

庙宇般的城市

通向紫禁城入口的宽阔
大道。

请比较第29页平面图。

北海最北端人造小山丘上
的白塔。

庭院式的城，在这片区域内，附设着一处游乐地区——
另有城墙加以保护——叫做"北海"。这是一个奇妙的
花园，包括了三个人工湖泊、人造的土山和假山、庙
宇、长廊和房舍。有时皇帝也会像哲人一样到此亲近
自然。这里的自然景色都是人工建造起来的。

　　可以说是整个北京以对称原则巧妙地安排在大自
然的怀抱之中，城市宛如自然一般规整，遨游在太空
的宇航员一目了然。而北海又代表了另一种对自然的
诠释，一种艺术家和诗人的诠释，这一类型的诠释不
是简单地依赖于普通规范。当你踏进北海的入口，你
会感到已经到了人间仙境，远离尘世。从北京远眺，西
山呈现出一片蓝色的侧影，此处却是北京的水源地，
护城河与人工湖泊所需的水，都自该水源地经河渠流
入城内。为了修建最北侧的湖泊，挖出了大量的泥土，
人们利用这些废土筑起了一座可爱的小山，山上还有
一座瓶状的宝塔，欧洲人称之为"白塔"，是供奉佛教
圣物的建筑物，有桥连通陆地与琼岛。在塔上远眺，全
城尽收眼底。因为是从另一个角度看过去，所以紫禁
城内的对称建筑似乎也变成了不规则的状态。拥有百
万人口的大城市看来好似一个大花园，在阳光的普照
下，矮小的灰色房屋均隐藏在茂密的绿树中，更添情

庙宇般的城市

从紫禁城北侧人工山丘上远眺北海风光。左侧是小山和白塔。

趣。只有那高耸的城楼和紫禁城内的宫殿，仰着头傲视一切。山上，阳光照耀，湖面似镜，再加上由湖面反射过来的阳光，益增骄阳的威力。树下的山坡上环绕着蜿蜒曲折的小径。你会发现一座开放式的木游廊，昆虫上下飞舞。游廊地上铺着地砖，拐弯出口处安置着楼梯，由此而下可直达山中。转了一个弯，走过了一段又暗又凉的山洞，出得洞来，便是依山修筑的一条圆形木制长廊。站在廊上，视界开阔，全湖尽收眼底，还可遥望对岸景色。再向坡下走一段，便进入一座用石板铺砌成的阳台，阳台上有一只石龟，龟背上驮着一块大石碑。再前行抵达湖滨，有一座木造的蜿蜒走廊，供游人休息并可登小艇游湖。湖中遍植荷花，小船在荷丛的芳香气息中穿行，不知不觉抵达彼岸。在那里又进入另一个传奇世界，岸上有茶棚，有古怪的寺庙，有石桥亭台，有奇石园……凡中国人所能想到的造景元素，都极尽所能地汇集到了一起。我们通过东方的瓷器、刺绣和绘画，了解了中国文化，创造出具有中国艺术风格（chinoiserie）的制品，"代表"了中国文化的精髓。当我们走出令人痴迷的北海，踏入北京平凡的灰色民居时，才惊讶地发现我们所定义的"中国艺术风格"完全缺失了经典与规律的特质。

5

庙宇般的城市

北京城内的大宅院，包括有许多房间和院落，依照东方习俗坐北朝南。图中住宅最下端的大门，没有设置在南北轴线上，这是一条固定的原则——阻止妖魔直接进入庭堂。请注意：在北京凡是朝北的门不会和朝南的门相对而设。

北京的主要道路是很宽阔的大街，中央部分用来行驶车辆；两侧还有等宽的道路，作为人行道，兼作慢速行驶车辆之用，还可以用作各种户外作业。这是一种非常优秀的道路设置。两旁的商铺或作坊属于几乎已融入大街的开放摊位，利用门前区域陈列货品或给骡马钉掌；也可买卖家禽家畜；长途跋涉后的骆驼也能在此躺下休息一会儿，人们在附近的水井汲水供牲口饮用；还有流动剃头摊子给路人理发，此外还有很多交易是在这路边的场地上进行着的。道路的中央部分，原本是保留专供官吏或贵族们使用的，这里的一切都与皇宫有着密切的关系。譬如普通民宅一律是平房，因为一旦建造了高楼大厦，紫禁城内的秘密就被人一览无遗了。

从主要道路进入住宅区域，只有狭窄的胡同小巷，见不到商号了。有些宅院方方面面都精心符合南北朝向，反映北京城的整体规划，附带有一进套一进的几进院子。有时在这些互相对称的房屋后面，却有一个不对称的中式花园。从街上看来，深宅大院与平民住屋没有太显著的分别，一律是灰色的围墙，墙上无窗只是偶尔开有一扇门罢了。因为看不到皇宫内的情形，根本无法与金碧辉煌的皇宫相提并论。胡同小巷内，没有店铺，却有不少商贩挑着货物走街串巷；他们都带着一件能发出声响的器具来表明自己的身份，一支笛子、一把音叉、一面铜锣，各能发出独特的声音使深居墙内的人闻其声而确知是何种商贩在此经过。

这些风土人情和西方世界迥异，但对西方人士颇具吸引力，不仅仅是好奇；西方人对在由政教合一的最高统治者主持下施建的最为健全的特殊城市类型产生了浓厚兴趣。当法国君主成为绝对的专制君主后，有权来改善生活环境，他也必然要建造一个以他为中心的城市；在希特勒的第三帝国，他也被奉视为神，需要根据特殊的规则围绕轴线、纪念堂和游行大道来形成具有德国特色的都市规划。

庙宇般的城市

北京住宅区的小胡同没有铺设路面，而是土路。在灰色的房屋之间，时常有高大的绿色树冠伸出墙外。黑瘦的猪也在胡同内东游西窜。夏天身体健壮的孩子们光着身子在一起玩耍。商贩们经过时又会弄出音乐般悦耳的声响，引起居民注意。

殖民城市 COLONIAL CITIES

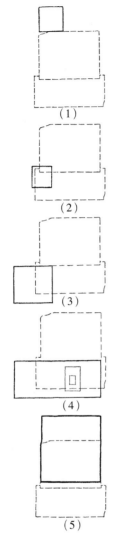

北京城区变迁图：
(1) 蓟，毁于公元前221年；
(2) 燕，70—936年；
(3) 燕京，936—1125年；
(4) 中都，1125—1268年；
(5) 元世祖建立的大都，1268年。

8

　　不仅仅是庙宇般的城市规整有序。如果有大批移民从本土移居到一处陌生的地方，首先要创建一座新的城市。于是他们必须依照预定的计划来进行，否则就会陷入混乱，一塌糊涂。那预定的计划一定是一张既简单又明了的略图，拿到这张图一看便知应该去做些什么。士兵们在规整的区域内建起一列列长排笔直的帐篷，最便于执勤与防卫。甚至游牧部落在布置营帐时，也须依照简单的扎营图来进行。

　　当从北京城内那座人造土丘上俯视紫禁城，你看到飞檐弧顶宫殿的时候，真以为是营帐化石一变而成为都市了。今天北京城的规划布局是以1268年蒙古大帝元世祖忽必烈创建的对称式都城为基础。当时的蒙古人还是游牧征战的民族，所以不难理解西方人将北京城的规划认作是军事营地扩建为军事驻防的城市。当然，这一观点是否正确尚有疑问。由建筑物与营帐外貌相近的事实几乎总结不出什么结论，建筑无论如何一点儿也不像蒙古包，蒙古包为框架结构，中间向外凸出，而不是内凹的。等到元世祖继承汗位后，承袭了很多中华文化。中国人有史以来即以务农为本，元世祖前后五易都城，一座接一座都是长方形的，方位完全符合东—西、南—北走向。要知道：若在没有任何实践推理的前提下，设计一座方位朝向精确的都市非常困难。你不妨会问，为什么每一次都是迁移到原来城址的旁边，一座接着一座重建都城呢？这很容易明白，因为没有实际目的，就可以不问缘故去做了。威尼斯商人马可·波罗（Marco Polo，1254—1324，意大利著名旅行家）1275—1292年游历中国时，正是元世祖当政时期，回国后他有如下记载：本来在那块土地上，旧时已经建造了一座又大又壮伟、称为"汗八里"（Cambaluc，意即"可汗的都城"）的城市，可是星相家们提出警告，说是永驻于此，将会发生大动乱和叛乱，所以元世祖即令在河对岸建造一座新的都城，新旧两城仅一河之隔。新都完成后便把旧城内的居民全部迁入。

在古代，所有大型活动都必须遵守礼节，如仪进行；当然不可能清晰地区分出礼仪形式与实际功用。但是，大体可以判断北京这类不折不扣的庙宇式大城市，它的布局大都由僧侣和星相家们来决定。相反，一座殖民城市或是一座军事驻防的城镇，那得按实际设防的情况来规划了。

从现代技术的观点来看，一座城市将来能否不断扩大，需视其货运是否便捷。古时，一座城市的发展需视其附近区域农产品供应能力而定，如果人口逐年增加而食物无法满足，那便面临忍饥挨饿抑或背井离乡的选择了——当然，人们是会决定后者的。那时的世界空旷无比，到处都有肥沃的土地可资耕种，人们可以定居安顿下来从事耕耘，而逐渐形成新的市镇。希腊人从贫瘠的岛屿海滨搬迁至地中海沿岸定居；以后发生过德意志人于中世纪东移；再后来欧洲人向美洲开拓。这类移民故事，多得不胜枚举。

最初希腊人（极似维京时代（Viking Age）的古斯堪的纳维亚人）依赖与腓尼基人（Phoenicians）通商，向腓尼基人购买许多商品。后来希腊人逐渐发展航运而成为其中的佼佼者。在公元前 8 世纪中期到公元前 6 世纪中期的这二百年间，希腊大量移民极为迅速地扩展殖民地；无疑，是通过贸易发生的必然结果。这在很大程度上是一种自然现象，就像树木的种子落在地上，会长出树丛来一样普遍。

当时的殖民地都是城市国家（city-states），依照宗主国的实际状况而建。在我们的想象中，所有希腊城镇都是小型的，一万到两万人口已经算是很大的了。

古老一些的希腊城镇呈不规则的形状。后来，他们把城镇改成方形。希腊哲学家亚里士多德（Aristotle，公元前 384 年—公元前 322 年）记述有个人曾计划把

殖民城市

现代北京城平面图（与第 8 页以虚线绘制的插图采用相等的比例尺）。画面上部是内城以及围绕紫禁城的皇城；下部是包含天坛和先农坛的城区，这两片城区均通过南北轴线连接起来。

请参见理查德·恩斯特·威彻利（Richard Ernest Wycherly）所著伦敦 1949 年出版的《希腊人如何建造城市（How the Greeks Built Cities）》。

9

殖民城市

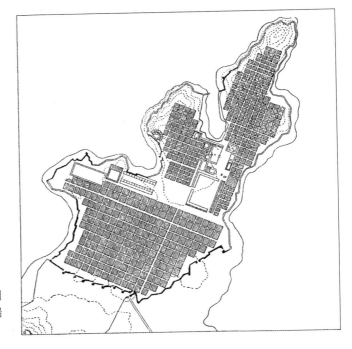

米勒图斯城平面图，比例尺：1：20000，图中上端为北。

参见阿米尼·冯·格尔康（Armin von Gerkan，1885—1969，德国人类学家）所著《希腊城市系统》（Griechische Städtean-lagen），第42页。

平面图中最南端的部分是罗马式的，其方块状的街区比希腊式的方形街区面积更大。

城市改为方网格的形态，这人便是"米勒图斯的希波达摩斯"（Hippodamos of Miletus），此人生活在公元前5世纪。现在人们普遍认为：那种规整的城市形态作为城建举措早在殖民城市就已推行。希波达摩斯的贡献仅是总结理论，付诸实践。

米勒图斯城因养育了希波达摩斯而闻名，这座位于小亚细亚西海岸的爱奥尼亚城市（Ionian city），是规模空前的殖民运动的发源地。它向外拓展了至少六十个殖民地，与其他殖民城镇相比，米勒图斯已算得上是古老的了。5世纪时遭遇波斯人入侵，城市被夷为平地；待重建后，城市才是规则的形状，后来在罗马的统治下，极盛一时，人口高达8万至10万。

米勒图斯的北侧高出迈安德河平原（Maeander Plain），普里恩城（Priene）坐落于此，也是方正整齐的平面规划。这里因多岩石而形成了许多台地，街道

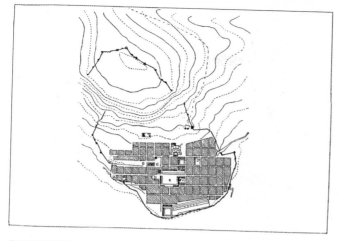

殖民城市

普里恩城平面图。
比例尺：1：20000，图中
上端为北。

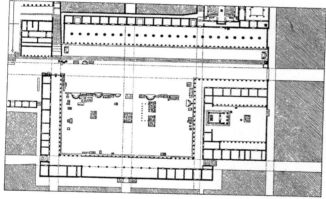

普里恩城内的公共集会
场所。
比例尺：1：2000。

东西贯穿，最大程度地减小坡度，路宽约有20英尺，
路面用浅色石块铺砌而成。另有10英尺宽的街道与上
述东西向街道互相垂直，并铺设有石阶。住宅区域呈
长方形，每块面积可供四家之用。该城不仅把每户的
住宅基地分配得大小均匀，还有各种大型公共设施，
供社区集体使用。在平面图的中央，主干道的旁边是
市场，民众日常聚会之所；城市另修有庙堂，山脚下
是体育场和竞技场，清澈的山泉自大理石墙面上的狮
头口中潺潺流出，甚是美观。市场是一座用美丽廊柱
装饰起来的露天集会所。最初，四周均有柱廊来安置

殖民城市

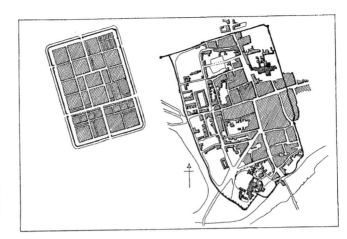

英国的彻斯特城市。
比例尺：1：20000。
图中上端为北。
左图是长方形的罗马城，
右图是今天城区平面图，
仍保留有中世纪时代的城
墙，城市的东、北两边仍
依循罗马城市的边界。

英国的城镇凡是以"彻斯
特"结尾，原本都是罗马
军营。

摊位；后来，有一位城市的保护人打破了广场的匀称布局，在市场北面加建了一座巨大的廊柱式双中殿大堂。殿堂比原来的广场还要广大，可作为市民聚会散步之所，成为一处社交中心。市场的后面修建小型房屋，供市政管理机构办公使用。

　　沿地中海岸也是希腊殖民地区。当时罗马统治了大部分的欧洲，他们的殖民目的与希腊人不同，并不是因为家乡土地太狭小的缘故，却是为了要保护征服地区内的战略城市或交通要道，才形成了许多驻防城镇。为了便于统治及管理这些城镇，罗马才有意把它们发展成为大城市，所谓"大城市"也不过是当时想象中的较大都市，他们深信——和今日我们所了解的一样——贫民窟、破落的住屋和下层社会均是罪恶之渊。甚至远在英国的道路，凡是通向罗马的要道，都随时有被受压迫民众切断的威胁。有了这些驻防城镇，各军团可自由调防，通行无阻，使这类威胁大为解除。因而每一座城市都是有军队驻扎的军营。英国地名凡是以"彻斯特"（chester）这个字结尾的，就意味着当年罗马军队曾在该处驻扎过。凡是这类战略城镇的建设，事先都经详细谋划，因此当时的罗马军营构成了我们今天所知的欧洲上千座大小城市的核心。有许多

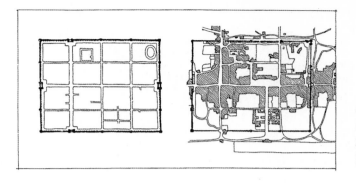

殖民城市

奥斯塔平面图。
比例尺：1：20000。
左图是罗马时期的平面图，右图是今日的现况图。

城市直到今日都没有大规模地扩建过，譬如奥斯塔（Aosta，责编注：意大利北部城市）。

　　另有一座城市位于皮德蒙特（Piedmont，意大利北部的一个地区），奥古斯塔·多灵（Augusta Taurinorum），即今日的都灵（Turin），在罗马时代即已大事扩充，像水晶一般不断依照几何图形拓展。欧洲文艺复兴时期，不过是在这类方形的罗马城市平面上加建了些堡垒而已。随后为了加强防御，在城市的西南隅另建一座坚固的城堡。又在南面，加筑了一道多边形的城墙，城墙里面划分成为长方形的区域。后来，新建的城区逐渐向各方向延伸，愈伸愈广。原本的东城门现已成为城市的中心地区，一条宽阔、带拱廊的大道将一座广场与南面的圣·卡罗广场（Piazza San Carlo）连接起来。该城继续不停地向外延展，一个又一个长方形的地区扩建开来，都灵逐渐发展成了一座大城市，18世纪丹麦旅行家兼编剧家路德维·霍尔堡（Ludvig Holberg，1684—1754）对此整齐划一的城市设计大加赞扬。

　　许多大城市像阿尔及利亚的提姆加德（Timgad），在中世纪早期因失去其重要价值而不能继续存在下去。然而，其他许多城市因战略和贸易的关系，地位日趋重要，仍是一片繁荣兴隆。它们不停地翻建，今日已见不到当初的本来面目了。当时莱茵河的两岸也是要

关于都灵请参见《城市规划评论》（*The Town Planning Review*）1927年出版的第十二卷，第191页。

13

殖民城市

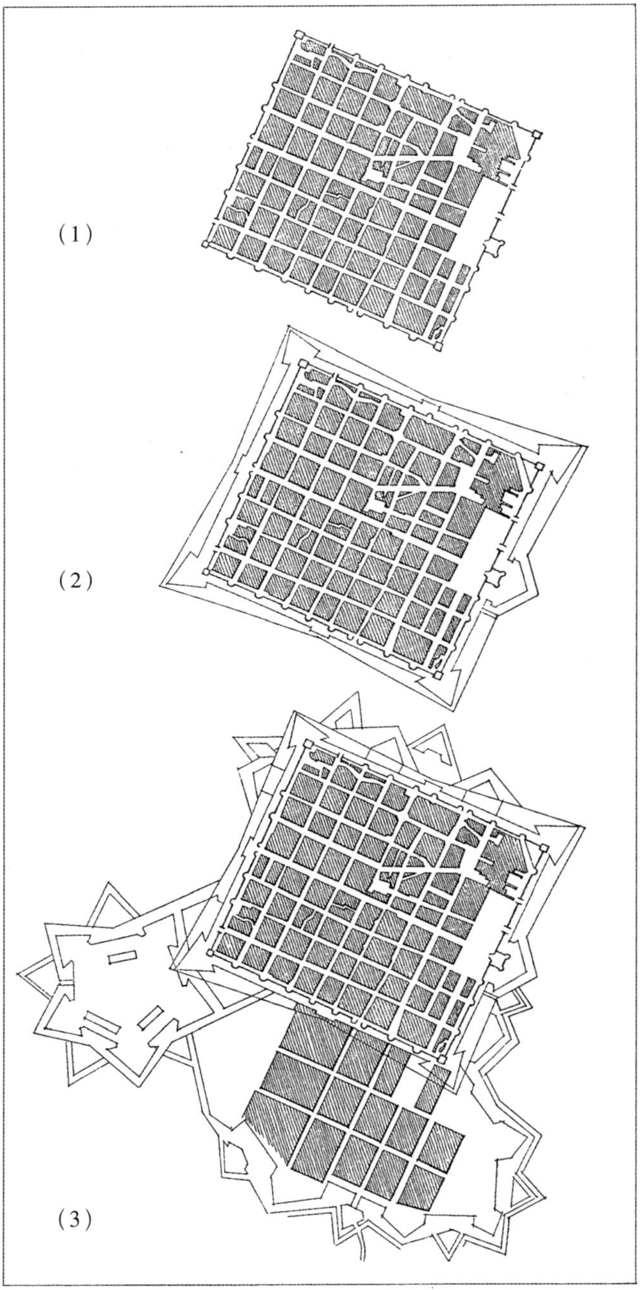

(1)

(2)

(3)

五个时期上的都灵城。
比例尺：1：20000。
图中上端为北。
本页图中从上到下：
（1）罗马时代的奥古斯塔·多灵。
（2）16世纪末的都灵
（3）17世纪初的都灵，城堡以及城市的拓展。
第15页：
（4）大约在1670年时都灵的新拓展。
（5）17世纪末都灵城在西北隅的拓展。

14

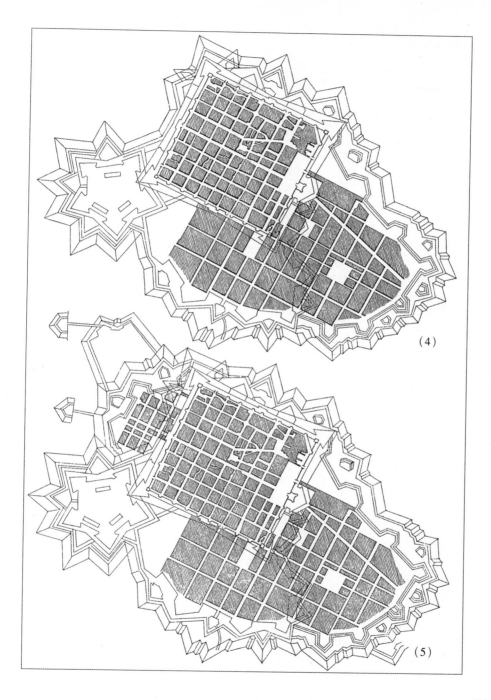

（4）

（5）

15

殖民城市

17世纪初，描绘科隆城的版画局部。下方在干草市场（Haymarket，图中的B区）一带的汉萨区（Hanseatic district），房屋修建有三角山墙，这一区域在罗马时代还是一片泽国。图的上部西侧，中世纪时城市仍然依循古老的罗马城市的边界建设。

冲之地，罗马人在西岸设置了"阿格里皮内西姆"殖民城（Colonia Agrippinensis），并在东岸设置了一座小要塞。该城现在仍沿用当年罗马殖民时代的原名——科隆，至今还是战略重镇。关于中世纪时代罗马人对科隆的建设蓝图早已湮没，无法可寻。在巴黎、伦敦及维也纳还散布着以同样方式建设的罗马城镇，只可惜已非当日面貌了！

大家通常都相信依照中世纪的遗风，城市的发展属于不规则的形态，没有什么规划的。事实上，那时城市发展得非常缓慢，但并不意味着无章可循仅是时代的产物。而后新的城市陆续兴建起来，也按惯例施建。先要有一条笔直的街道，两旁划出许多长方形的街区基地。古希腊也是如此逐步发展的。当某一个城市不足以容纳过多的居民时，有一部分居民便要迁到

16

别处，重建一座新城。

举例来说，在1230—1300年间，德意志人在梅克伦堡（Mecklenburg，德国东北部一地区）及波美拉尼亚（Pomerania，德国东北部一地区）修建了大型的殖民区，出现了大批规划非常整齐的城镇，有时每一年就会建立一座城市。关于它们在何时、何地以及如何修建都有详尽的信息资料。其中有一个名叫"新勃兰登堡"（New Brandenburg）的殖民城镇，据记载，1248年1月4日勃兰登堡的总督约翰（Markgraf Johann），受册封晋升为"赫伯德爵士"（Sir Herbord），受命建立一座新的勃兰登堡城。于是，赫伯德爵士召集了一大批人移居该地。这在当时并不是件难事，勃兰登堡地区年轻的农家子弟已无法获得一块耕地来维生，只能在农场帮工糊口苦渡一生。如果迁到一座新城镇，他们可以获得良田，从事种植。新殖民地区往往从开发农业着手。新来的居民，杂居在土著族群里，安家落户，他们先修建防御性的城墙，把交易市场安置于内，以防土著侵袭；看来好似一个商业性的城市正在逐渐形成，实际上居民大都以务农为业。移民每人分得一大片相同面积的土地实施建设，从而诞生了长方形的网格状地块。在一片区域内，都特意保留着一块土地不予开发建设，作为开办市场之所；另外还需要教堂和坟墓的用地，于是又保留起另一块土地以备此需。这座城市不是方方正正的，因为当初建造时只是考虑如何防御侵袭，所以把它建成圆形以便御敌。至于城镇内的地块即便被划分成方形，也是偶然之举。在这

请参见卡尔·温特（Karl Wendt）所著1922年出版的《新勃兰登堡城市史》（*Geschichte der Vorderstadt Neu Brandenburg*），第4页。

殖民城市

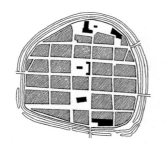

新勃兰登堡城。
比例尺：1∶20000。
图中上端为北。

殖民城市

蒙帕济耶城市集广场周围
的房屋外貌。

17世纪时的丹麦克厄镇。
比例尺：1：20000。
图中上端为北。

蒙帕济耶。
比例尺：1：20000。
图中上端为北。

里，每隔几英里便有一座极其相似的城市。这些城市均建立在同一时代，大同小异。有几座简直和新勃兰登堡建造得一模一样。所有城镇由于地形限制，在方块网格划分时多少有些差别!

丹麦史学家胡戈·马蒂亚森（Hugo Matthiessen，1881—1957）指出，建于13世纪后期丹麦西兰岛（Seeland）的克厄镇（Køge），属于同一形态；新勃兰登堡与克厄的街道确实极为相似。建筑基地很大，房屋面向街道，而其他许多中世纪时期的商业城市（如属于汉萨同盟的城市）的基地却很狭小，有高耸的三角山墙面向市街。在克厄镇，一如其他德国城镇，市场与教堂相隔一个街区，防御工事较新勃兰登堡更加坚固，克厄镇的市场为防备敌人的火攻，建造得很严密，很像中国住宅在兴建之前要驱除妖魔一样。

在齐整规划方面，最为奇特的实例是中世纪遗留下来的城镇蒙帕济耶（Monpazier），它位于法国圭涅省（the province of Guyenne），在多尔多涅（Dordogne）与加隆（Garonne）之间。该城由英国国王于1284年修建，那时英王占有大片的今日法国领土。该城不仅很规则地依长方形划分街区与广场，而且城镇的轮廓也很有规律，它与德意志殖民城镇相较明显不同。市场四周的房屋都非常狭小，而且外观一致，每户临街的骑楼部分均建有宽大的尖顶拱门；而且每户的拱门互相衔接起来，成为美观的遮阴拱廊，环绕着广场。

当年移民美洲的时候，人们划分边界时也是采用直线。试观今日美国州与州的分界线都是直线的；城市内的街道分布，也是有规律的，与古希腊的殖民地区完全一样。

在城市规划上，方形网格与长方形地块是两个基本要素。这种规划原则一直延续到19世纪建立的城市。无可否认，这一原则最契合完全由相同组成元素构成的古代及中世纪城市的特点。直到今日，建筑方有分门别类的功能观念，有的建筑专为居住设计，有的专为商业设计，有的专为工厂使用。从此城市中已不再有分明的界限；不过，城市必须具有休闲游乐场所，而且以接近住宅区域较为合宜。

关于现代的庞大移民计划，我们所获知的信息不多——在苏联新建了许多城市。我们确实知道俄国人已经采用了新的规划原则，他们提出了"带形城市"理论（the band city），各种元素以带状规划布置：工厂构成一条带形区域，公园为另一条带形区域，主干道路又是一条带形区，住宅区构成第四条带形区域。正如中世纪时期的方形城市，有时会因各地情况不同而对方形作些调整。现代俄国人的带形城市原则，有时也必须适应环境而有所改变。

18 世纪丹麦小镇，凯隆堡。像城堡一样的教堂雄踞于镇上。根据《彭托皮丹地图集》（*Pontoppidan's Atlas*）中的插图摹写。

文艺复兴时期的理想城市
THE IDEAL CITIES OF THE RENAISSANCE

中世纪时丹麦的要塞堡垒：
1. 斯普罗岛
2. 哈温，即今天的哥本哈根
3. 奥胡斯
4. 凯隆堡

经过几世纪的战争与移民大迁徙，封建领主逐渐取得了统治地位。在中世纪时期要想拥有文明的生活，就必须具备某种程度的防御措施。城堡中的诸侯，不仅要保护城镇免遭敌人的侵袭，同时还要供给人民生活之所需。

很容易误认为那时候的城镇像我们今天的城市一样，商业鼎盛，大家都忙着做生意。但实际上从事农业和手工业者较经商者更多。庄园领主，无论是世俗贵族，还是教会，他们收购了城镇大部分的产品。封建领主赋予了城市集市贸易与公平交易的权利，而且负责维持集市的治安秩序。他们集合民众建造城堡及防御工事，来保护城镇的安全。

领主有权决定新城市的基地。在殖民地区兴建一个像新勃兰登堡（参见第 17 页）一样的城市，就会很费周章。军事原因或者政治因素会影响其决策。1200年左右，丹麦国王与其他封建领主共同修筑城镇堡垒时，便得一窥其防卫国土的重大决心。国王瓦尔德马一世（King Valdemar I，1131 — 1182）亲自加强了一座小岛——斯普罗岛（Sprogø）的防御工事，这座具有战略地位的岛屿位于西兰岛（Seeland）与福南岛（Funen）之间大贝尔特海峡（the Great Belt）的中央。

红衣主教阿布萨隆（Bishop Absalon，1128—1201）在小渔村又兼为商埠的哈温（Havn）附近的海峡小岛上建造了一座城堡，这座宗教城镇后来成为了丹麦首都——哥本哈根。昔日阿布萨隆城堡的遗迹掩埋在今天政府所在地克里斯蒂安堡（Christiansborg Castle）的地下。在国王瓦尔德马一世的儿子克努特六世（Canute Ⅵ，1182—1202）执政时，另一位大主教佩德·瓦格松（Peder Vagnssøn）建立了圣·克莱门斯镇（St. Clemens），位于日德兰半岛（the peninsula of Jutland），即今天丹麦第二大城市奥胡斯（Århus）的核心地区，现存的圣·克莱门斯教堂（St. Clemens Church）大概就是在那个时期修建的。为了保卫跨越日德兰半岛的卡特加特海峡（Kattegat），埃斯本·斯纳（Esbern Snare，1127—1204）像他的兄弟红衣主教阿布萨隆及亲如兄弟的朋友国王瓦尔德马一世一样，在西兰岛的西北隅修建了开辟有港口和教堂的凯隆堡（Kalundborg）。

凯隆堡的旧城位于山顶，在山的一端原有一座城堡（现已不复存在），另一端现尚存留一座教堂。该教堂有五座钟楼及射击孔般的窗户，由此可知，当年这教堂也是一座坚固的堡垒。虽没有资料可资查考，但可以非常明显地看出，这座山城是经过周详设计的，它有一个三角形的广场，从教堂俯视，一览无遗。该山城至今仍是丹麦最美丽的市镇之一。

在中世纪时期的城镇，一方面是城堡占据着突出地位，另一方面是教堂的地位显赫。教会财富充沛，而且与外部世界保持着文化联系，但是这个国际组织也是不平等的。教会也是当时受压迫民众的希望所寄之所，他们大多住在简陋、矮小的房屋里，都盼望着将来可以过上更好的生活。

随着以物易物的贸易形式逐渐让位于货币经济，城镇的地位也大为改变，商业日渐兴旺，平民也渐渐意识到他们的力量，感悟到物质与精神力量日趋独立。他们不再接受"未来是生活本质意义"的论调，而开

文艺复兴时期的理想城市

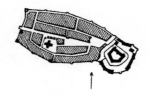

按照 1:20000 的比例尺绘制的中世纪时期的凯隆堡，城墙环绕着这座山城，东端建有一个巨大的城堡。城市围绕一座广场兴建而成，漏斗形的广场朝向拥有五座塔楼的教堂。

文艺复兴时期的理想城市

请参见乔格·门特（Georg Münter）1929 年在《城市规划杂志》（*Städtebau*，第 249～256 页及第 317～340 页）所发表的《理想城市史》（*Die Geschichte der Idealstadt*）。

始注重现实，重视当地、当日的生活，关怀同胞总比关心天上的天使更有意义。以数学为基础的自然科学大为兴旺。世俗社会不仅要攫取教会的部分权力，同时也负起了改进社会的责任义务。

创造理想城市的构想于焉诞生。新城市既没有教会的支持，也不附属于哪个世俗贵族；它将是一个独立的、完全由普通市民组成的社会团体，打击任何入侵者，是一种类似于希腊城邦的传统共和政体。人们研究了信奉异教的古希腊、罗马哲学家们所设想的城市组织形式后所获得的启发，在《圣经》中是找不到答案的。

随着火药的发明，也出现了各种新式武器，因而产生了更多矛盾与问题。这种新情形是中世纪时代的人根本无法想象的。在火药和大炮未出现之前，城市可使用高墙和栅栏进行保护；但现在情形大变，必须修建防御工事，进攻者肯定会遭遇防御者火力的迎头痛击。堡垒需增加向外突出的塔楼和堡墙，并配合加建棱堡等设施。

在第 14、15 页中详细描绘了都灵城从文艺复兴时期到 17 世纪末的发展历程。这座接近于正方形的罗马城市在四角加建了棱堡，在棱堡上可以沿着墙体纵向射击。至于棱堡本身，形成了一个巨大的侧翼，很易受到火力袭击。因此，棱堡必须是带尖的，而这种用土方堆砌而成的棱堡从形态上并不美观。人们很快发现，采用方形轮廓的棱堡是最不实用的；五角形要比四角形实用，六角形则更佳；最好的方法，就是把整个城市的四周都建成多边形。

陆续出现了许多文献介绍如何建造这种堡垒的新理论。防御工事对于城市的生存是必需的，因此城市也顺理成章变成了多边形。自古以来，从未出现过如此许多美妙的理想城市平面方案。

这类阐释新理论、新构想的著述最初出现在意大利。1600 年以后，德国和法国在这方面居于领先地位。文艺复兴时代，意大利著名的艺术家都是技艺高超的技术专家。在很长一段时期内，"设计理想城市"这个主题引发了人们的浓厚兴趣，大家一致认为艺术与技术是不可分割的。艺术家钟爱应用数学及其所产生的美的感受，这样使他们进一步研究古典文献，而他们也极愿为传统文化的振兴而努力。

在一位名叫"弗朗西斯科·德·乔治欧·马提尼"（Francesco di Giorgio Martini，1439—1502，意大利画家）的意大利人1500年左右的建筑理论著述中，记述有大量的理想城市设计平面，规划都像是极具理论水平、充满儿童想象力的方案。马提尼是一位建筑师，还是防御工事修筑专家，具有丰富的实践经验。他的设计蓝图非常实用，此后的几个世纪里，凡兴建城镇都会采用他的蓝图作为模板。本页所刊各图，均以多边形的城墙或市中心广场作为决定性要素。马提尼认为，最好的方法是把街道和广场设计成几何图形。显而易见的是他没有更多的时间去设计住宅或住宅场地。在中世纪的城市，中心广场是一个不能缺少的基本主题；同时，住宅区的构成也是规划重点，道路和广场穿插其间。马提尼的计划是先把城镇街道网络布置妥当，然后再视需要，把住宅区零零星星配置进去。这一点从他的设计平面图中一目了然，一条主要干道螺旋似的与辐射状街道相交叉。这种设计规划也许从来没有真正实施过。但上端两张图样却与16及17世纪的城市式样非常相似。

马提尼也为山城设计了许多平面例图，山的外形缩小成便帽的形状。纯粹理论式的道路网分布在球面上。这种构想对意大利人来说是很自然的，可是从未被人重视过，因为理想的城市大都建立在平原上。

在《博朗和霍格伯格地图集》（*Braun und Hogenberg's Atlas*）里，附有欧洲各大城市的平面图，其中一幅版画是极为理想的城市名叫"新帕尔马"（Palma Nuova）。1593年建于威尼斯共和国境内的新帕尔马，是诸理想城市中最错综复杂的一个。多边形的城墙有九个

文艺复兴时期的理想城市

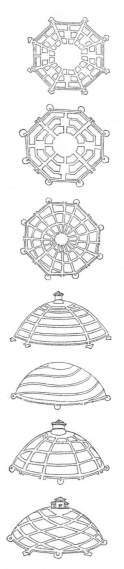

马提尼大约在1500年所设计的理想城市平面图。

23

文艺复兴时期的理想城市

理想城市平面图，引自博纳奥托·罗立尼所著 1592 年威尼斯出版的《城市防御五书》（*Delle fortificatione libri cinque*）。

理想城市平面图，引自文森佐·斯卡莫齐所著 1615 年威尼斯出版的《建筑通论》（*Dell'idea dell' architettura universale*）。

建于 1593 年的新帕尔马城，选自《博朗和霍格伯格
地图集》中的版画。

文艺复兴时期的理想城市

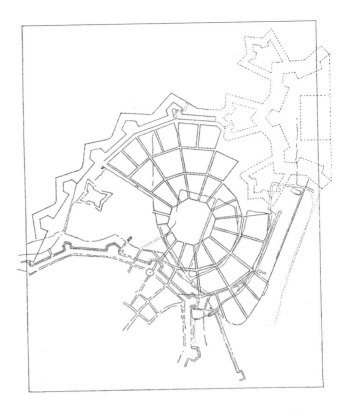

大约在1629年时哥本哈根的扩建平面图，比例尺：1:20000。图中上端为北。右上方系堡垒要塞，左边系罗森堡城堡（Roseborg Castle），左下端系老城区。

侧面，三座城门，辐射状的街道全都通向多边形的中心广场；横向的街道与城的九个侧面相互配合，一圈圈地分布如环状。其最内圈的住宅区，整合了圆周的九个侧面和中心广场的六个边。市中心有一座类似于棋盘上城堡的建筑，可是这座建筑始终没有建造起来。根据版画来分析，从其中三座棱堡辐射出的街道通向市中心；由其他六处棱堡所辐射出的街道通达内圈街道外侧；与内圈横街相会合处，均建有某些带三角形山墙的纪念性建筑物。新帕尔马的街道和刻在版画上的完全相同，只是街道末端没有规则，随机应变。中圈横街穿过那些长方形的空地，植有树木，成为小型广场，至今犹存。同一时期，有一位意大利人博纳奥托·罗立尼（Bounaiuto Lorini）于1592年撰写了一本书，讲解城市设防问题，并收录了多种城镇规划平面图。其中有一张设计图与新帕

请参见第24页插图。

26

尔马非常相像，系采用九侧面城墙，辐射状街道贯通城区，设置有多座围绕城中心广场的串连成环的小型广场。但新帕尔马系运用三条大路直达市中心的模式，确实格外美观。

后来在1615年文森佐·斯卡莫齐（Vincenzo Scamozzi，1552—1616，威尼斯建筑师）设计了一张理想城市平面图（可惜并未付诸施建），却代表了另一种理念。街区与广场均呈长方形，街道与街道成直角相交。凡与多边形的城墙防御工事接合处，才变为不规则形状，可任意采用三角形或其他不对称形状。从罗立尼和斯卡莫齐两人所设计的城市平面来看，这两种理想方案是完全不同的。一种以多边形城墙来配合街道，不外乎采用与城墙平行的环形街道，而且又与辐射状的街道作垂直相交。而另一种则把城防工事以内的区域用街道划分成长方形。

丹麦国王克里斯蒂安四世（Christian Ⅳ，1577—1648）修建了大批城镇，都是按照当时的理想城市标准兴建的。当扩建哥本哈根时，本拟采用多边形的平面，街道从一座八边形的广场伸延出去，直达城防工事的各个棱堡。这个式样不是通常书本上所建议采用的，因为建成这种形式必须有赖于现有城市的形状以及海岸线的走向。然而这项规划未被采纳，选用了另一个平面——平行的城镇街道划分出长方形的城镇建筑基地。当修建克里斯琴（Christianshavn）时也发生了同样的情形，它是哥本哈根对面阿迈厄岛（Amager）上的一座小镇，该镇现已成为首都的一部分了。

文艺复兴时期的理想城市

请参见第24页插图。

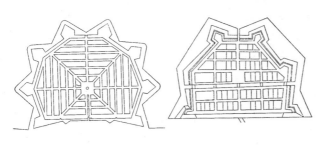

左图：1617年约翰·瑟普（Johan Semp，1572—1638，荷兰测量学家、建筑师）所设计的克里斯琴平面图。右图：实际采纳的平面。两图比例尺：大约1:20000。

宏伟的透视图
THE GRAND PERSPECTIVE

直到近代，历史都只是一部历代君王和伟人们的生活记载史，由专家改编成为通俗的戏剧，精选少数重点人物登场，一如莎士比亚所写的剧本。今天，却把历史上的少数人物视作社会发展，通常指经济发展的功臣。其实，这种发展是要靠众多无名大众的力量实现的，这种发展才是我们今天所指的历史意义上的发展。换句话说，就是因果的概念发生了转变。

据记载，赫伯德爵士于1248年修建了"新勃兰登堡"（参见第17页），这不是一个神话，而是有史实记载可查的。现在尚存留着一封信件，可以证明该城是经过大家努力一举而成，尽管我们深信此事实，但过程肯定不会简单轻松。勃兰登堡城因人口增多的压力而必须向外移民，并非只借助了一人之力，像《天方夜谭》中念一声"芝麻开门"咒语那么简单。虽说该城系由赫伯德爵士所建，他不过是出力最多的一位，各方面的文件佐证确实如此。同时文艺复兴时期的城市外形，是根据法律规定的如何抵御火器进攻的要求构建的。所以在火药没有发明以前的城郭外貌，与火药发明后的城郭外表迥异。这位火药发明家也可以说是一位使生活环境改观的功臣。过去人类历史上有许多转折点，动植物的进化史里也有各种转折点，借变换一个新的形式来求取生存。以前从未有过的各种天才的思维、进步的思想、各种发明和种种发现，推动经济发展进入了新的轨道，并沿着制定的路线加快了发展步伐。蒸汽机的发明并没有创造工业制度，它仅是带来了无限的原动力。

尚有其他各种发明，虽然对经济发展或物质生活的影响很小，但却能完全改变对事物构成的感知，大大影响了文化生活与思想表达方式。艺术家的成功就在于，他们幻想与描绘的内容，日后会逐步变为现实。

艺术之道一如孩童嬉游，看似漫无目的或缺少实际价值，而其影响力却远较所谓"实用价值"更大。

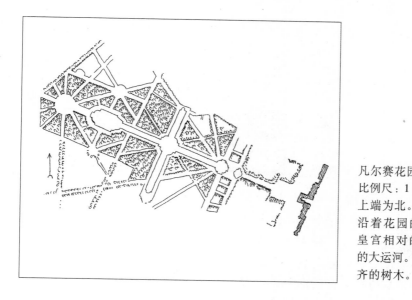

凡尔赛花园。
比例尺：1：40000。图中上端为北。右侧系皇宫，沿着花园的巨大轴线与皇宫相对的是纵横交叉的大运河。河旁是修建整齐的树木。

巴黎凡尔赛宫（Versailles）是一座宏伟的建筑，与北京一模一样，代表了绝对专制君主的极权统治。凡尔赛宫和北京的紫禁城特别值得比较一下。两处在广袤的土地上均开挖有人工湖泊，但是各有千秋。凡尔赛宫的大运河（the Grand Canal）是一幅巨大的风景画，从宫殿中心眺望壮丽的景色，水平似镜，沿几乎为水平线的中轴线左右对称布置。北京城中南海的面积丝毫不逊凡尔赛宫；形成于紫禁城对称式宫殿中轴线旁边风光如画的巨大湖泊之间，颇具独立性。皇帝游憩于此，得以暂离宫廷严肃的氛围，享受一下吟风赏月的私人生活。这两座园子表现了18世纪中法艺术概念的不同，以及中法在绘画方面的差异。

中国的绘画好像是在写文章。画面里，凡增添一人一物均代表一种意念，使人一看便知。画面上端所画的景物表示离得远；画面下端的，表示离得近。在凡尔赛时代（the Versailles period），法国的风景画也像

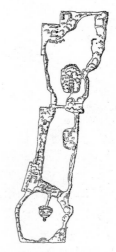

北京中南海。比例尺：1：40000。图中上端为北。可比较第1页插图。

29

宏伟的透视图

克劳德·劳伦的风景画。

中国山水画。

中国画一样，以山水、人物为对象，远方的景色放在一棵大树的背后，一览无遗。不像中国画要把远方的景色放在上端。中国人认为：将距离较远、基本同等高矮的树木愈远画得愈小的绘制方法是错误的。中国人没有认识到在绘画中不但背景的一切愈远变得愈渺小，而且润色方面也该逐渐变得淡而模糊，好像远山消失在大气烟雾里。可是从法国绘画里，树木的大小都相差不多，若给中国人看，肯会认为是弄错了。纸是一张平面，因此中国画也只顾及长、宽两个维度，而西洋画考虑到了第三维。中国人没有通过透视原理观察或思考景物。

没有人天生就具备利用透视原理观察世界的能力，尽管人的眼角膜是立体透视地观察四周的景物。当一个人站在街口眺望成排的灯杆，视网膜上所看到的影像是逐渐缩小的，就是愈近愈大，愈远愈小。但我们并不会被这种视觉错觉所欺骗，依然会认识到灯杆的高矮与灯杆间的距离是相等的。把眼睛看到的逐渐缩小的尺寸照原样描绘下来——这就是具有了"革命性"的透视技艺。该项崭新的绘画技巧改革大约15世纪时在欧洲出现，但从未影响过中国。西方艺术家们专心

致志地采用此新方法来观察世界事物，不但大大影响
了绘画，也促成了房屋建筑间相互关系的新观念，城
市规划设计中的街景于焉产生。

阿尔布雷特·丢勒（Albrecht Dürer，1471—1528，
德国画家）所著的《几何与透视》（*Geometry and
Perspective*）论文中，会对这项新理论有一番很清楚的
阐述。他将曼陀林四弦琴的各点都用引线与墙壁上的
一颗钉子相连接。从各点引出的线都会穿过画框上的
平面。逐一记录各交叉点与画框边缘的距离，并将这
些交叉点标注在插图上。采用此种方法可以将画面上
确定的交叉点绘制出来。我们还可以继续增加新的交
叉点，直到绘制出正确的透视图。

这是一项新发明，无须临摹，仅通过描绘即可在
布面上绘制出三维立体图形；用这种方式能够描画出
塑像般真实的图像。不但可以在任何一个地方自由获
得多侧面的影像，并且可以勾勒出建筑的实际环境背
景。在画家们的作品里，文艺复兴时期的房屋充满了
许多廊柱、走廊及铺装完美的庭院；其实这些走廊、庭
院并非真实的建筑物，但透过画家们的绘画技法，便
令人觉得生动逼真。采用此类装饰技法就是为了打破

图解阿尔布雷特·丢勒透
视原理的木刻画。

宏伟的透视图

平图里基奥（Pinturic-chio，1454—1513，意大利文艺复兴时期画家贝纳迪诺·德·贝托（Bernardino di Betto）的绰号，意为"小画家"）于意大利锡耶纳某图书馆所绘以建筑为背景的壁画，绘制于1502—1507年间。

位于斯德哥尔摩的小尼克德姆斯·泰辛的住宅，从庭院观察后面的穹形建筑，上部巨大的柱廊看起来非常深。实际却很浅，逐渐缩小的柱子产生了巨大透视景深的错觉。

32

枯燥单调的房间墙体，为人们打开通向梦想庭院的大门，穿越那廊柱与走廊使访客欣赏到远处动人的美景。天花板上也绘有风景画，给人通向天际出口的幻象。出口四周还环绕着短栏杆，栏杆上面有露着笑脸的人头像，朝每一位观光者微笑！教堂并非圆形穹顶，而是将壁画绘制在平屋顶上；人们从地面的某个角度向上看去，也会产生一种穹顶的错觉。用这种方法，凡是《新约》里能够搬上舞台的剧本，都一幕幕地画了出来成为一套不朽巨著。

在罗马斯帕达宫（the Palazzo Spada）院内，精心设置的柱廊创造了一种有趣的现象，尽管原本柱距很小，而通过逐渐减小两侧列柱大小的方法，大大延长了视觉距离。瑞典建筑家小尼克德姆斯·泰辛（Nicodemus Tessin, the Younger, 1654—1728）用同样方法改进了自己在斯德哥尔摩住宅基地深度不足的缺陷，在庭院尽端修建一个穹形建筑，其上竖立柱廊，当柱影在地，看起来便产生了深远的感觉。

同样地，使一个小舞台变得大些，或是在平坦的墙面画上些风景画，也可增加空间的景深。但是有一个问题始终没法解决——面对一条大道、一座大广场或是一条长街，存在真实的透视深度时，要想给予观察者真实景深的感受，该如何去做呢？如果观看一排数以百计的廊柱，可以清晰地分辨出近处的柱间距；但是，随着目光向前推移，在透视缩减的影响下后面柱子间的深度互相融化，我们再也无法分辨出真实的深度感。为了提高远处景物的效果，就必须采取非常规的处理方法。罗马圣·彼得广场（the Piazza di S. Pietro）四周的廊柱，由于不是采用直线，而是依弧形而建，因此各柱间的景深互不相同，呈现出一个壮丽的画面。通过比较近处圆柱与映入眼帘的远处圆柱的细部，你会发现它确是一座大广场。当你站在走廊中间，一排一模一样大小的柱子竖立在不同角度的位置，每根柱子所受光线各不相等，直到因弧形的关系，柱廊消失

环绕罗马圣·彼得广场的廊柱，建于1656—1663年间，由吉安·洛伦佐·伯尼尼设计。请参见第54页插图。

在视线外。在此后的数世纪内，人们一直沿用圆弧形的柱廊来表示建筑崇高豪华的特色，宫殿四周可采用广场围合起来。19世纪，在兴建位于伦敦摄政街（Regent Street）上的某购物中心时，仍沿用此弧形的廊柱设计，以示华贵。不过那时采用这类廊柱的设计手法已近尾声。即使没有运用廊柱，采用整排的内凹房屋至今仍极其美观，因为每一个细部都很向外突出。如果远处的房屋是笔直排列，便很难分辨明白；而若

请参见第144页。

宏伟的透视图

克劳德·劳伦所作蚀刻风景画，前景中的细部采用浓重的深色，一桥一路引向植有一棵大树的中景，背景是大海和远山。

是弧形排列，则每一幢房屋都很容易看得清清楚楚。

两旁植满树木的道路，远远望去使人感到有直线似的感觉；如果这条道路很长，那么望起来使人一目了然。如果在路的尽头能矗立一座纪念广场，远望这条道路就好像消失在蓝天碧云之中，格外引人注意。安德鲁·勒·诺特（André Le Nôtre, 1613—1700, 法国建筑师）是路易十四时代（Louis XIV, 1638—1715）著名的景园设计家，他所设计的香榭丽舍大街（Champs Elysées）从巴黎老城区一直延伸到远处的小山，就是依据这条原则规划的。拿破仑一世（Napoleon I, 1769—1821）也谙熟此理，后来他在那座小山上竖立了一座巨大的凯旋门，如果没有那长达1英里的大道通达那座鲜明的地标，就不会产生动人的景观效果了。

西方人通过油画和歌剧院内的装饰来接受景深的影响力。没有一件物品是准确构成或者完美无瑕的，除非它像舞台一般，利用布景或道具，在目力合适的视距下，把它鲜明地表现出来。如果画面能和水平线相配合，那会获得最佳的构图效果。因此，港口的画面往往采用了舞台式的布景，在画面里出现有建筑物、长长的码头和远端高耸的塔楼。法国著名画家克劳德·

克劳德·劳伦用蚀刻法所作的素描图。

克劳德·劳伦用蚀刻法所绘海港图。

劳伦（Claude Lorrain，1600—1682）钟爱选择这些题目作为绘画对象；有很长一段时间，他对欧洲风景画拥有巨大的影响力。劳伦的风景画，一张比一张精彩，使人深深领悟到其中的奥妙；又好像是里程碑，标明从这一段进程迈入另一段进程。他知道单把透视的画面画出来是不够的，还要恰当地把它强调起来，成为一幅华美的透视巨作。从他那坚定而精心筹划的作品构图里，可以见到那些酩酊大醉的人物、风中摇曳的树顶和金光万丈的日落，都极富诗情画意。稍后，画家们把风景处理得更加浪漫，更有诗意；有时描绘些半倒半埋于浓密荒木中的残垣断壁；有时劳伦把树木点缀在风景之中，他会细细推敲，何处何地来安放这些树木，作为标志借以增加景深，就好似利用建筑来加强景深一样。往往将一棵独立的树木放在构图中央，好像作为测量景深的一根标杆，背景逐渐缩小，即以此树为依据才能获得强烈的景深感。这棵独木叫做"孤树"（the solitary tree），在英国公园里常可见到，用意就是将克劳德·劳伦倡导的"雄伟景观"（heroic landscape）变为现实。当时英国的园艺专家们常到法、意诸国去观光旅行，借以吸取新知识，很自然地在此后的作品里展现出来。

克劳德·劳伦的蚀刻素描图。

宏伟的透视图

英国巴斯的帕莱尔公园，从宅邸远望公园全景。

在英国西部有一座美丽的小镇，"巴斯"（Bath）。郊区有一古旧的宅邸，帕莱尔公园（Prior Park），公园坐落于独特的美景之中。如果傍晚时分来此，可见落日余晖在树梢间光芒四射，仿佛置身于克劳德·劳伦的图画中。该园位于一处倾斜狭长的溪谷中，环巴斯镇皆是小山，山色青翠，谷底有一池塘，平静如镜，反映出夜晚天空的景色，益为妩媚。在湖中，建有带盖顶的小桥一座，运用希腊爱奥尼克式的桥柱来支撑桥顶，极富艺术气息。有时从舞台上的道具里也可见到这种帕拉迪奥式的桥梁。从功能分析，这座桥是毫无使用价值的，因为池塘面积很小，即便无此小桥，绕塘而过也很方便。而且桥上的顶盖更无必要，如果必须建造一个顶盖，那么可以造一个简便省钱的，何必用整排的柱子来支撑呢！这完全是追求审美所致，利用这种轻巧的拱门和廊柱在水中的倒影来增加画面效果。由谷底向前远眺，其前景与背景有相互呼应之妙，前方的那座房舍有一个古典的门廊。从房舍再向前远眺，便看见许多突出景深的标志：首先见到通向阳台楼梯的栏杆和台阶上的装饰花瓶，然后看见一棵孤树；向后，便看到那座帕拉迪奥式的小桥，桥上柱子的倒影投入水中。再向四周远望，只见树林幽深，逐渐在地平线处与远方的山影相互混合在一起。

17、18世纪，凡是用在绘画方面或舞台布景上的

宏伟的透视图

英国巴斯附近的帕莱尔公园，从帕拉迪奥式的小桥回望宅邸。

每一个技巧，都先后在皇家花园、城镇规划和景园设计中出现过。这似乎和专制政治颇相吻合。譬如透视图是中心投影，那就是说，其他部分都要与某一个点相配合，一切都以这个点为核心。当然，艺术方面的中央集权制与专制政治的集权根本没有关系。所谓"集权"就是先要满足中心点的一切需要而已！中世纪时期只知道平行投影，那就是把一个物体经过投影后，其大小与原来的大小是一样的。那一时期的市镇都用平行投影的方式来谋划，那是一种简单协调城镇构成元素的方法。在开拓殖民地的时候，这是一种最流行的方法。在新城镇里许多家庭都会拥有一块面积相等的基地，建造面积大小相等的房屋。在中国帝制时代的都城——北京，也是采用平行投影的规划方法。但北京并没有考虑以某点为中心而顾及全局，巴黎的凡尔赛宫亦然。在哥本哈根的皇宫大街（Amaliegade）也可见到同样的情形，在街道的尽头建造了一排由建筑师卡斯帕·弗雷德里克·哈斯道夫（Caspar Frederik Harsdorff，1735—1799）设计的廊柱作为道路终点的标志；在阿美琳堡广场（Amalienborg Square）上可见到雅克·萨利（Jacques Saly，1717—1776，法国雕塑家）制作的弗雷德里克五世国王（Frederik V，1723—1766）的骑马铜像，姿态优美，位据广场中央，非常威武。

请参见第137和140页。

37

宏伟的透视图

18 世纪末叶，新古典派的建筑仍沿用这种透视法的效果。到 2 0 世纪人们仍未遗忘，功能主义（Functionalism）的代表法国建筑师勒·柯布西埃（Le Corbusier，1887 — 1965）利用其早年城镇设计项目的心得，采用均匀对称轴，甚至是奇妙的拱门来构成街景。此种设计方法既非他个人独有，也不是时代的特点；应该说是绘画艺术充分发挥透视方法的全部效果，将人们的读解能力扩展到了其他方面。其研究重心，不着重在某种规定的空间范围里表现立体物品的效果，而着重在画面色彩上获得较佳效果的可能性。经过这番研究，在不知不觉中产生了一种新的观念：建筑物要重视本身的立体效果，无须靠街景来作陪衬了。

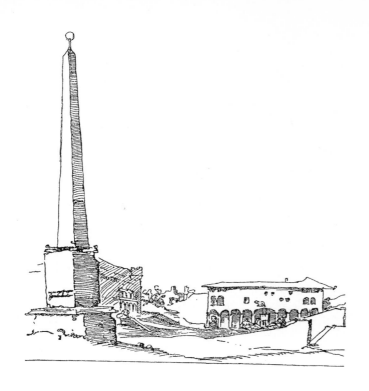

罗马，永恒之城
ROME, THE ETERNAL CITY

　　在喧嚣而污秽的那不勒斯海港住了几天，重新回到罗马如释重负，好像回到了家乡。罗马人那种高雅气质，要到古老而富有历史价值的大城市里，才能体会出来。这座城市既非商业性城市，又不是工业城市。罗马人倡导不可或缺的伟大价值，自尊又和蔼可亲，而且富有同情心。这些特点与中国北京的居民也颇为相似，他们均代表了古代文明。

　　中世纪时代的异教徒把古罗马全部破坏。到了文艺复兴时期，古典艺术及建筑极盛一时。罗马的权贵们开始收集古代雕塑，好像要把他们的宫室改造成艺术品博物馆，把各种古代雕像放置在庭院和走廊上，作为装饰。破损不全的雕像被整修得焕然一新，根据艺术品所有者想象的艺术家的设计初衷，被安放在那

39

罗马，永恒之城

些古色古香的柱子中间。还有那新建的石砌皇宫：带穹顶的门厅、柱廊式的庭院、石砌楼梯和方方正正高大的房间，均洋溢着建筑艺术气息。罗马人并不刻意追求室内的安适与方便；所以，根本见不到像沙发、扶手靠背椅之类的家具。他们把重点放在大理石的古典雕刻上，希望生活在雕像人物的风范里，居住在那透视画中似真似幻的高楼大厦里。

教皇们深知要好好保存这批古物，必须好好地加以陈列，也可为这座神圣之都增加光彩。教皇西斯托四世（Sixtus Ⅳ，1414—1484），开始将收集到的古物安置在卡皮托林山（Capitoline Hill）。这件事情完全是由他个人进行的，与教会兴建教堂和圣殿完全无关。自古神殿就修建在那颇负盛名的七座小山上，那里是罗马的发祥之地，也是罗马国家的统治机构——元老院（the Senate）所在地，因此这里是城市的心脏。把卓越的石刻安放在这山上，也可以重温昔日罗马盛世的旧梦。西斯托四世的目的并非专注于艺术价值，而是想发扬罗马昔日的光荣。他去世后，继任的教皇也陆续在山上增添收藏，各种石刻一应俱全，包括两座巨大的河神雕像以及青铜母狼雕像，相传这只母狼哺育了罗马城的修建者——罗慕路斯（Romolus）与雷穆斯（Remus）。1534 年，保罗三世（Paul Ⅲ，1468—1549）继承教皇之后，开始派人有计划地安排管理雕塑并规划山丘。

那一时期的罗马，肯定是一个特别的城市，旧城区占地很广，但居民却不多，居住区附近有大片的荒地。该城于1527年，被法国统帅夏尔·德·波旁（Charles de Bourbon，1490—1527）所吞并；1530 年的时候，人口大概不会超过三万，而罗马本可容纳百万人。从空旷凄凉的情景，想及古代的纪念建筑物，如万神殿（the Pantheon）、斗兽场（the Colosseum）及其他许多古代遗迹，一定是遭受到一次无法抗拒的彻底毁灭。看那到处可见的断墙残壁和半圯的墙基，路人一不小

17 世纪初，湮没在瓦砾与简陋屋棚之间的罗马圆形斗兽场。

40

心就会被绊倒，因而会忆及当年盛时的繁荣。在异教徒毁坏的残骸基础上，后代子孙又重建教堂，成为世界各地基督教徒参拜朝圣的场所。于是，一个崭新的纪念性城市又从废墟中崛起，那也就是古罗马的新生。1506年，举行了修建圣·彼得大教堂（the cathedral of S. Peter）的奠基典礼，取代了中世纪的旧教堂。按照建造计划，需要几代人的时间建设完成。许多建筑大师，像伯拉孟特（Bramante，1444—1514）、拉斐尔（Raphael，1483—1520）、米开朗琪罗（Michel-angelo，1475—1564）及其他建筑师，朝夕跋涉在碎石堆里参与重建工作，可惜他们没有见到这座宏伟的建筑最后竣工，均已先后谢世。

当保罗三世任教皇时（1534—1549），决定在卡皮托林山上新建一座纪念广场。最初在1538年，安置了一座马可·奥勒留皇帝（Marcus Aurelius，121—180）的铜像，极富特色。广场由米开朗琪罗亲自督建，他不仅设计了铜像基座，而且规划了整座广场及四周的建筑。他的伟大工程进行得很缓慢，大约经历了数百年，工程始告完成。这座马可·奥勒留皇帝的骑马铜像是从罗马帝国时代遗留下来的世界上唯一的一座，极具价值。中世纪时，所有的雕像都被异教徒毁损殆尽。也许是异教徒将这座雕像误认为君士坦丁大帝（Constantine the Great，272—337，他是信奉基督的君主），雕像才得以完整地保留下来。直到1538年雕像的真实身份才被确定。现在雕像受到人们的景仰、艺术爱好者的赞美与雕塑家的模仿和爱戴。

在昔日的古罗马时代，这座雕像安放在何处，迄今仍是一个谜，中世纪时它放在拉特兰大教堂（the Lateran）的一角，那时候的配置都采用这种格局。雕像是房屋的附属物；如果要单独安放的话，一定是放在墙隅，两边有墙保护着，似乎比较安全些。在卡皮托林山上安放马可·奥勒留皇帝的铜像时，采用了新的布置模式，米开朗琪罗把它设置在新广场的中央。

关于罗马神殿请参见1927年出版的《城市计划评论》（*The Town Planning Review*）第十二卷第157页与第171页注释。

并参见阿尔曼多·西亚沃（Armando Schiavo）所著1949年罗马出版的《建筑师米开朗琪罗》（*Michelangelo Architetto*），插图50~76。

罗马，永恒之城

根据马丁·范·赫姆斯科克（Maerten van Heemskerck，1498—1574，荷兰画家）的画作所绘，正在改建之际的卡皮托林广场。正中央是元老宫，米开朗琪罗设计的双侧阶梯已经完工。骑马铜像也安放妥当，右侧的保守宫尚未翻修。

根据一张古画绘出的元老宫未翻修前的外貌。它是一幅侧面图。左侧即是新广场的立面。这座宫院具有中世纪城堡建筑特有的角楼，中间是一座高高的塔楼，开设有射击孔。

　　从古画中可见当时的神殿也和罗马的其他许多地点一样杂乱无章。那闻名的山丘上也从来没有固定的格局。只有牧马人光顾这里，杂草灌木遍布崎岖不平的台地，荒芜不堪。于是决定利用那半倾圮的墙垣，依照中世纪市政厅的模式在废墟上重建元老宫（the Palazzo del Senatore），外形很像封建贵族的城堡，房屋四周建有角楼和矮墙，正中央有一座高层塔楼。除了元老宫，另建一座办公建筑，名叫"保守宫"（the Palazzo dei Conservatori），也是中世纪式的风格。这两栋建筑之间成锐角。

　　尽管构图有些凌乱，但米开朗琪罗仍计划创造出严格的建筑统一体。于是这座不规则的山顶逐渐改造成了一座平台，用石块铺砌而成，通过石阶可攀援而上高耸的台地。又需重新改建房屋，来符合这种情调。元老宫的角楼和矮墙经改建后，产生了一种垂直的直立感；元老宫的前部也被改建为平台，构成大平台的一部分；前面又加建了一座双侧大楼梯，自广场经大楼梯可直登平台进入元老宫。本拟建造一个很大的装饰性水平砌层（string course）作为底层立面的标志，借以产生一种水平的效果，可是始终没有采用；后来以一个巨大的皇冠状飞檐（cornice）作为替代。中央的塔楼改成水平式分割，角楼也被改造为建筑整体的一部分，使它失去了独特性，成为突出的壁柱（end bays）而已。

根据马丁·范·赫姆斯科克的画作所绘，改建期间的卡皮托林广场。右侧即是元老宫与米开朗琪罗设计的双侧楼梯。正中是天坛圣母堂（Sta. Maria in Aracoeli），后来被卡皮托林博物馆挡住了。

首先要兴建一座堂堂皇皇的户外阶梯，可直达那筒形的穹隆大厅。这样就给马可·奥勒留皇帝铜像提供了一个恰到好处的背景，到大约 17 世纪以后，楼梯、突出的壁柱与整座建筑结合在一起，为这座骑马雕像构成了一个巨大的壁龛。广场入口右侧的保守宫也已全部改造完成（在米开朗琪罗 1564 年去世前完工）。在这两栋建筑的左边是可供展览罗马古物的卡皮托林博物馆（Capitoline Museum），直到 1655 年方告竣工。

这座广场的设计打破了文艺复兴时代以来理论家们确立的原有理想城镇规划的设计理念。他们理想的广场，千篇一律都是规则的几何外形：圆形、方形、六角形、八角形。各自成为单独的一组，广场四周均采用相同式样的建筑，整齐划一。卡皮托林广场是一个不规则四边形，但这并无关紧要。正如前文所述，两幢改建完成的建筑围墙相交成一锐角，从而使广场变成了不规则的四边形。但当你站在广场上，却会感觉它是呈长方形的。这完全是由于路面铺砌的图案巧妙地抵消了不规则的形状。请看广场上的图案是一个大椭圆形，以雕像为中心，向四周放射出线条，并以浅色石子铺地。因为米开朗琪罗所设计的广场，不仅广场本身是一件极完美的杰作，还涵盖了多方面的因素，而每一个因素都要寻根追源，要求互相关联，互相配

43

罗马，永恒之城

罗马皇帝马可·奥勒留的青铜雕像，这尊雕像是罗马古雕像中最著名的一座。1538年雕像搬到了卡皮托林山，成为新广场的中心。

合。广场就好像一座舞台，有进口，还有背景。从步道起点循序前进逐渐升高进入了元老宫。两侧宫室巨大的壁柱从地面上耸起与皇冠状的大飞檐相接合。元老宫也有同样的壁柱，位于广场的上方，建在用粗石块砌成的平台上。

卡皮托林广场的设计者并不是从几何原理角度进行考虑，他是一位塑像专家，依据自己的想法从事设计。广场有正反两面，正如雕像也有正反背景一样。雕像与四周的房屋联系紧密，使雕像显得平静安宁。骏马的每一根神经似乎都在抖动，而御马者却镇静异常；从伸张着的手势和身体姿态看，他好像正在祈祷。这位无名雕塑家刻意把马的躯干塑得特别雄健有力。如果整体观察后，作一比较就会发现头和四条腿细小了些。在铜质马身上刻了深深的孔洞，以示眼、耳、鼻；隐约可见的血管和皮层皱纹都经细心装饰过。御者的头较小，而其发须却精心地加以修饰；手、足与整个人像配合得很雅致，简洁有力，也充分显示出御者的个性，同时也把马的神态表达出来。御者的大腿紧夹马的两腹，小腿与脚显得生动有力。这座雕像没有精美的细部，也不是一件自然主义的作品，它是一件浓缩的、富有表现力的杰作，每一个元素均和整体相联系。

当时米开朗琪罗在建造广场周围建筑物时面临了与马可·奥勒留雕像作者相同的难题。从雕像的侧面来看，其背景为具有相同特点的建筑，建筑的壁柱和墙体均为巨大的单一平面，拥有鲜明的细部和深阴影。整个正立面，似有一条隔墙把礼拜堂的中殿和侧过道相隔离。广场本身就像是礼拜堂的中殿，立面上是高耸的科林斯式壁柱。侧过道是沿着建筑底层的柱廊，拥有小型爱奥尼克式的墩柱。这样的安排使广场融入了宫殿，带有柱廊的建筑融入了广场。建筑那巨大的壁柱同小柱子的外形及细部比较起来，显得格外宏大；只不过小墩柱和小细部与那匹铜马的风格一致。在同一立面采用各种不同尺度墩柱和壁柱的设计手法均与文艺复兴时

44

将由米开朗基罗设计的马可·奥勒留雕像设置于此。背景是卡皮托林博物馆，这座博物馆也是由米开朗基罗设计的，但直到他去世一百年后才告竣工。

代的建筑理论相违背，近似巴洛克式的设计风格。这是一种新的尝试，对米开朗琪罗而言是抛弃了当时那些死气沉沉、缺乏活力的课本式教条建筑理论，走上了正确的设计道路。他致力于尺度的对比以及虚实空间的对比，将由建筑确定的空间融入了空间中的实体建筑之中。从此"巴洛克"（baroque，意为"风格奇特"）这个词引入了建筑语汇里，不再含有"轻视、贬低"的意味了。米开朗琪罗去世一百年后，人们采用蕴含在米开朗琪罗设计精神里的这个词来表示活泼、充满活力的建筑形式，成为米开朗琪罗永留罗马的一笔精神遗产。"巴洛克"派的大师们，并不是完全与古风离经叛道。在罗马，他们觉得坚持并发扬光大这种精神是正确合理的，希望继承罗马毁灭前的伟大传统来创造新罗马——他们取得了成功。在其他国家，巴洛克式的纪念性广场通常修建有国王的雕像，似乎用来赞扬君主光荣史迹。第一座巴洛克式的广场并非用来光耀主持修建的教皇，而仅仅是追求艺术美学的缘故。那座散乱的卡皮托林山正是巴洛克式风格改建的目标。设计者并没有把陡坡削平，而是拟建一通庄严的台阶，壮伟如瀑

45

罗马，永恒之城

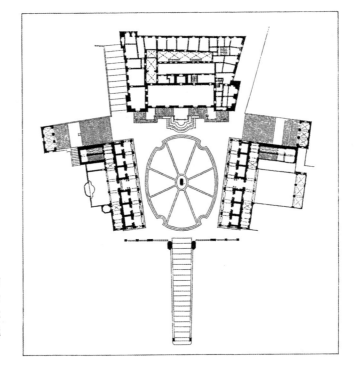

罗马卡皮托林山平面图，比例尺为1:2000。下方为通向广场的坡道。右侧为保守宫；左侧为卡皮托林博物馆；后部中央为元老宫。

布一般。设计突出了水平平面，山地区域划分为多个台地层级，一望可见山中到处是房舍建筑，依地势高下而建，愈加美观。这里是罗马一处具有纪念意义的场所，罗马城区是这个世界帝国的强大中心，随后曾是罗马天主教的发祥地、知识的中心又兼艺术中心。

新建的卡皮托林广场赢得了敬仰和盛誉，以它为题材的版画风行世界。这座建筑物不能单从一个角度去观察，需要在那里漫步欣赏，去体会那向上伸延直达山顶的坡道（la Cordonata），充满了和平与宁静。山顶上是闻名于世的小广场，访客的视觉焦点是修建在低矮基座上的那尊骑马铜像。观光客经过柱廊漫步抵达广场，广场周围的建筑重复运用了相同大小的尺度元素，并且陈列着古代的雕塑供人参观。

早在法国专制君主制出现前的一百多年，米开朗琪罗这位艺术大师设计了这座广场，他以艺术的形式

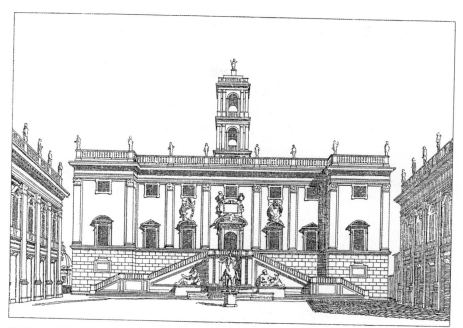

罗马卡皮托林广场：中央是元老院，右侧是保守宫，左边是卡皮托林博物馆。

罗马卡皮托林广场，从通向广场的坡道向上仰望。

47

歌颂了君主的丰功伟绩。

他紧密结合巨大的透视图与巴洛克式建筑，产生了歌颂专制君主制的主题，今天看来这一主题与专制君主制是密不可分的。

罗马并不满足只拥有闻名世界的纪念性广场，它通过谋划新的道路交通网不断扩大城市范围。教皇西斯托五世（Sixtus V, 1521—1590）在位仅五年（1585—1590），时间虽然短暂，但成就骄人。他不仅整日埋头外交事务，而且将财政经济纳入正轨。他完成了圣·彼得大教堂的圆顶工程；供给全城居民清洁的饮用水；他规划了城市道路交通网上的枢纽节点。这位伟人，出身于穷苦的农村家庭，幼年时当过牧羊童，但却为伟大的罗马城做出了无人能及的贡献。他的大名每每都会出现在能够改变城市面貌的宏伟计划上。毫无疑问，在他未接任教皇以前，就早已着手准备工作；在他去世后，他的计划仍在按部就班地实施。

供应饮水的工程意义非常重大。古时城内用水来自山涧冰雪融水，由12条高架引水渠输至城内。后来，引水渠毁损变成了废墟，罗马居民只好饮用水质很差的台伯河（Tiber）河水。1570年，罗马修复了一条损坏了的引水渠。西斯托五世在位时，又整修了一条；1611年重新启用了第三条，于是罗马居民重又获得了清洁的饮水。这不但能改善人们的卫生条件，同时带来了丰富的水源，提供给烈日照射下罗马城里的泉水和瀑布。源自西斯托五世所整修"菲利斯水渠"（Acqua Felice）的水流，为"菲利斯水渠喷泉"（Fontanone dell'Acqua Felice）供水。无疑，这座喷泉是专门纪念西斯托五世的，教皇的本名是"菲利斯·佩雷蒂"（Felice Peretti）。

每座广场都有喷泉作为点缀。在此后的数百年里，艺术家们创造了各式各样的喷泉形式，潺潺的泉水、飞溅的水花要么从具有装饰立面的墩柱间树立的雕塑中涌流而出，要么从单独的喷泉中飞溅而下。喷泉上装饰着半人半鱼的海神或各种河神，竖立在广场中央。

数以百计的泉水叮咚声成为罗马市音的旋律，在白天喧闹的市井嘈杂中尚隐约可闻；入夜，万籁静寂，听来更觉韵味无穷。

西斯托五世寿命过于短暂，未见其所规划的道路工程完竣。新道路工程完工后，使罗马自迷宫式的中世纪小市镇，跃登而成处处富有街头美景的大城市。他主持的这项工程，清楚地规划标识出起止点。他还广泛采用方尖碑及柱子，作为艺术装饰品。方尖碑细长而高耸，几乎是一根四方形的石柱，像蜡烛似的，碑体向上逐渐变细，顶端有一个类似金字塔的顶尖。方尖碑创始于埃及，凡在罗马的方尖碑全部来自埃及。已知最高的埃及方尖碑达 105 英尺，是一整块的石柱，石料表面打磨得异常光滑，石柱竖直向上象征了男性生殖器，在古埃及将它作为生殖繁衍能力的象征加以崇拜。

当古罗马人来到埃及，他们对方尖碑产生了浓厚的兴趣。返国时，也必须要携此同行。公元 10 年时，奥古斯都皇帝（Emperor Augustus，公元前 63 年—公元 14 年）带了一座方尖碑回返罗马，作为征服埃及的象征。此碑现仍竖立在人民广场（the Piazza del Popolo）。以那时候的交通运输工具，如何把这种极其笨重的方尖碑从埃及搬运到罗马，至今仍是一个谜。最重的方尖碑竟达 430 吨，但还是成功地将它们运回了罗马。罗马现有方尖碑，共计 12 座之多。

昔日利用马可·奥勒留皇帝的铜像作为卡皮托林广场的焦点，现在巴洛克式的建筑师就地利用这些方尖碑的碑顶，作为测量时的水准点。方尖碑就像是巨型测竿似的，用来校正街道的曲直，作为筑路的绳准。对古埃及人而言，方尖碑是他们宗教信仰的一部分；而对古罗马而言，方尖碑是他们征服世界的象征；对教皇和建筑师们，方尖碑不具有任何象征意义，只是一件艺术品。方尖碑赋予城市和广场以特色，它们是分布于山岭之间新建道路的路标。

人民之门（the Porta del Popolo）是罗马的主要门

罗马，永恒之城

请参见 J. A. F.奥拜恩（J. A. F. Orbaan）所著《西斯托五世如何失去一条道路》（*How Pope Sixtus V Lost a Road*），刊载于《城市规划评论》（*The Town Planning Review*）第十三卷，第 121 页与第 257 页。

罗马，永恒之城

这两座圆顶教堂建于17世纪末，面朝人民广场。从广场朝南眺望，两教堂之间是弗拉米尼亚大街，一直通向市中心。

请阅见托马斯·埃希贝（Thomas Ashby，1874—1931，英国考古学家）与斯蒂芬·罗兰德·皮尔斯（Stephen Rowland Pierce，1896—1966，英国建筑与城市规划专家）所著《人民广场》（*The Piazza del Popolo*）一文，《城市规划评论》第十一卷，第75页。

户。1589年，西斯托五世在该门内竖立了一座巨大的方尖碑，作为四条新辟道路的起点。最东侧的马路，因为要穿过山势陡峭的平齐奥山（Monte Pincio），工程量过于浩大而放弃。其余的三条马路是：中间的一条，弗拉米尼亚大街（Via Flaminia）可直达罗马市中心；西边的一条，沿台伯河的里佩塔大街（Via Ripetta）；东边的一条，巴博诺大街（Via Babuino），直达平齐奥山山麓。里佩塔大街穿过台地与台阶，通达河岸的轮渡码头。有一座至今尚存、左右对称的西班牙阶（Spanish Stairway）。台阶共有137级，通往山顶。山顶上有一座教堂，教堂前竖立着一座新的方尖碑，标志着一条新道路——斯思提纳大街（Via Sistina）的起点。西斯托五世计划将此路向东南方向延伸至圣母大教堂（Santa Maria Maggiore）后面在1587年时竖立的一座方尖碑。从圣母大教堂另有一条笔直的马路，通向拉特兰教堂（the Church of the Lateran），该教堂位于罗马城的东南隅，那里有1588年竖立的世界最大的方尖碑。

当观光客一穿过人民之门，便进入了方形的人民广场。此广场现在呈椭圆形，但在那时为狭长的不规则四边形，逐渐向城门方向收敛，道路两边均为花园围墙。面向市区方向，有三条道路以此为起点，远远伸入市区。在两块三角形的基地上面，建造了两座对称的圆顶教堂，突出了朝向广场开放空间的诸多房屋的体量。

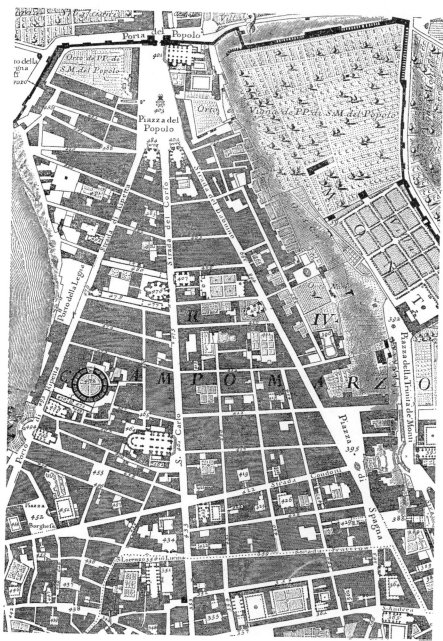

吉姆巴蒂斯塔·诺里（Giambattista Nolli，1701—1756，意大利建筑师、测绘专家）1748 年绘制的罗马城平面图局部。比例尺：1:6000。图中上端为北。

罗马，永恒之城

599 圣·玛利亚和平教堂。
→

605 设有三座喷泉的诺沃
纳广场。 →

837 圆顶万神殿古迹，这
座圆顶建筑的内部面积与
殿前广场的面积相等。 →

771 标准的马蹄形巴洛克
式剧场。 →

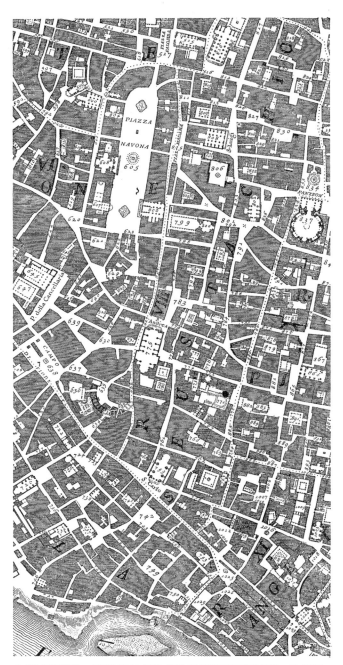

吉姆巴蒂斯塔·诺里 1748 年绘制的罗马城平面图局部。比例尺：
1:6000。

那三条道路穿经房舍密集的城区，从巴洛克时代所遗留下来的地图看来，好像是三条裂缝，给人留下了生动的印象。凡面向街道的房屋，都经过细心的设计规划。深色的底图上留有许多空白区域，代表了罗马城多彩多姿的胜迹。大教堂还包含了许多小礼拜堂。教堂的大门是敞开的，经过阴暗的门廊，你便进入了巨大的圆顶内室，光线从高高的圆屋顶上安装的彩色玻璃照射而来。其他教堂的屋顶是圆形的或是椭圆形的；神龛鲜花环绕。教堂内部的走廊往往要比你刚经过的窄巷要宽大得多。有时要穿过大门和宫殿才能进入明亮的、带柱廊的庭院。这使人很难想象，如果以宫殿为家，或整日生活在这种纪念性建筑环境周围，该是何种滋味。事实上，主人很少在家，宫殿几乎从未接待访客。贵族们每日下午5点到7点之间，会驾着华丽的马车，奔驶于罗马主要的干道——以人民广场为起点的三条大街中间的弗拉米尼亚大街。绅士、淑女们坐在金碧辉煌的马车里，在夕阳余晖和街道阴影下缓缓前行。慢慢行驶在狭窄的街道，没有多少新鲜空气可言，但有充裕的时间四处巡游。女士们依旧坐在舒适的马车里，而男士们正好乘此机会与熟人相互寒暄一番。这种每天的例行公事，叫做"常规日程"（Corso）。一来二去罗马的交通主干道也被人们习惯上简称为"科尔索"（Corso）。这仅仅是夜晚到歌剧院去听歌剧等娱乐活动的"序幕"，女士们安详地坐在装潢富丽的包厢里，与来访者聊着天，当心仪的剧情打动了她们时也偶尔欣赏一下主唱者的歌喉和配乐。

罗马的街道好像是高楼大厦之间的走廊，而那些开敞的广场又似各式高楼大厦的接待大厅。罗马城的广场种类繁多，譬如长条状的诺沃纳广场（Piazza Navona）修建在古代赛马场的围墙基础上，广场里有三座大喷泉。如果把排水沟的泄水孔堵起来，整个广场溢满从喷泉流出的水，广场就会立即变成一个大水塘。邻近的教堂和宫殿倒映在这明镜般的水面上，益

有关广场的详细内容请参见《城市规划评论》第十二卷，第57页。

罗马，永恒之城

罗马圣·玛利亚和平教堂。教堂立面 1656 年由佩得罗·达·科尔托纳（Pietro da Cortona，1596—1669，意大利画家）设计。

增美感。贵族们在大街上兜风时途经此处，见此美景，得以赏心悦目。步行者为了避免涉水而过，只好站在人行道上，同享其乐。从这个大广场沿着一条小街，可抵达另一个古雅的广场，圣·玛利亚和平教堂（the church of Santa Maria della Pace）是那座广场上的主要建筑。

在巴洛克时代，最伟大的纪念性建筑是圣·彼得教堂和宏伟的圣·彼得广场。这座圆顶大教堂取代了中世纪时代的长方形教堂。原计划以此教堂为中心，两旁依两根轴线对称延展；后来教堂却又向东边延伸，增加了正立面；再后来，在正门前面兴建了庄严的广场。广场上竖立了一座巨大的方尖碑，标志出广场中心。1586 年西斯托五世重修此广场，由吉安·洛伦佐·伯尼尼（Gian Lorenzo Bernini，1598—1680，意大利建筑师、雕塑家）设计，明确划分出了并非封闭的建筑空间。直到 70 年后广场修建工程才告完成，塑造成今天的模样。那壮丽的柱廊增添了广场与城市间若即若离的情趣。

教皇、贵族及平民，共同生活在罗马这座大城市里。无论富贵与贫贱他们都知道如何和睦相处；节日欢庆时，人们不分彼此，上下同乐。伟大的艺术家设计了此城，而居民们大都是艺术爱好者，知道该如何去适应生活。

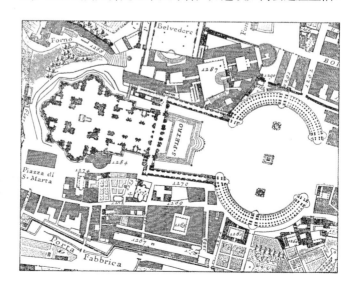

诺里 1748 年所绘制的罗马平面图局部，图中显示出圣·彼得教堂和圣·彼得广场，以及伯尼尼设计的柱廊——请与第 33 页插图比较。

火枪手们生活年代的巴黎一景，图片来自伊萨尔·希弗斯特（Israel Silvestre，1621—1691，法国画家）的版画。在塞纳河右岸遥望新桥和亲王广场，从背景中可以看到哥特式的三角形山墙和塔尖。

剑客时代的巴黎
THE PARIS OF THE MUSKETEERS

当路易十三（Louis XIII，1601—1643）及路易十四统治法国时，有一位火枪队长名叫"达达尼昂"（d'Artagnan）。他的一生充满了浪漫传奇色彩，不久便成为了作家的素材。17世纪初，根据他的自传出版了一本私人回忆录，书名叫《达达尼昂回忆录》（d'Artagnan's Memoirs），内容半是事实，半系虚构，立即风靡一时。这本书促发了大仲马（Alexandre Dumas，1802—1870，法国作家）的灵感，连续创作了三部不朽巨著，即《三个火枪手》（The Three Musketeers）、《二十年后》（Twenty Years After）及《布拉热洛纳子爵》（The Viscount de Bragelonne，责编注：又译为《铁面人》）。建议读者把这三本书连续读完。后两本无疑可获得最畅销小说奖，难怪后人乐此不疲地根据原史料不断地改编重写。相反地，这三本书各有不同的趣味，以第三本最富幽默感，也是罗伯特·路易斯·史蒂文森（Robert Louis Stevenson，1850—1894，苏格兰小说家）最喜爱的一本书。书中扣人心弦的情节发生在法国和巴黎三个重要的历史时期，而这三个时期代表了三个不同

根据雅克·卡洛（Jacques Callot，1593—1635，法国画家）的蚀刻画所绘制的火枪手。

55

剑客时代的巴黎

伯尼尼曾于1656—1663年设计了罗马圣·彼得教堂的入口广场（参见第33页和第54页）。他1665年来到巴黎为新修建的卢浮宫绘制平面图。

通往亲王广场的入口，以及建于亨利四世时代的房屋，在第59页地图的下方及第57、61页插图中，都可见亲王广场。

56

的时代。书中那些错综复杂的阴谋均出自大仲马的构思；而作为主角的火枪手，除了姓名是真实的，其余均为虚构。火枪手们穿着斗篷，施展剑术引人入胜，当时发生的政治事件构成了故事的背景。这许多惊天动地的传奇史实都由其好友奥古斯特·马科（Auguste Maquet, 1813—1888）专门到各图书馆，根据史实东翻西寻地发掘出来并巧妙地编撰而成。

第一部，也是最著名的《三个火枪手》创作于1625年，当时年轻的达达尼昂身无分文，从加斯科涅（Gascogny）初到巴黎。他住在由宰相黎赛留（Cardinal Richelieu, 1585—1642）掌控的巴黎，目睹人们在喧哗艰险的环境中，以阴谋诡计相对抗以求生存。凡遇到难以处理的事情，都采用决斗的方式来解决。人们还处于盛行骑士精神的中世纪时代，所以故事中也充满了勇敢和武器。

读者在书中时常可以看到关于锐利武器的内容。剑客们佩戴着锋利的刀剑，穿梭于巴黎建筑的塔楼、尖顶和山墙之间，40年后，意大利著名建筑家伯尼尼来到法国，留给他深刻印象的是这座天主教城市中的建筑圆顶以及各式水平的长檐口。他不无轻蔑地说，巴黎到处是各种各样的烟囱，好像专门以收集烟囱作为嗜好似的；整座城市好像是一部梳棉机。的确，这是一座过度拥挤的城市，狭窄曲折的街道、带三角形山墙的高大房屋和哥特式的礼拜堂。街头景象如此，整个城市即是重重叠叠的房屋和朝天耸立的屋顶。甚至皇宫也是由许多单独的建筑组成的，屋顶也采用倾斜而峻陡的式样，相互对峙。

凯瑟琳·德·梅迪奇（Catherine de Medici, 1519—1589）是法王亨利二世（Henri Ⅱ, 1519—1559）的遗孀，她修建了杜伊勒里宫（the Tuileries）。这所宫殿对巴黎后来的发展具有重要的连接纽带作用。巴黎的建筑物原本拥挤在狭小的城区内，这位皇后却希望有一座与皇宫相连的大花园。因此新宫殿势必建造在城区以外的地域。最后，在城外造了一座外形奇特、结构巧妙的建筑，大量采用圆屋顶及尖顶（正如玛丽亚·希彼拉·玛丽安（Maria Sibylla Merian, 1647—1717, 德国

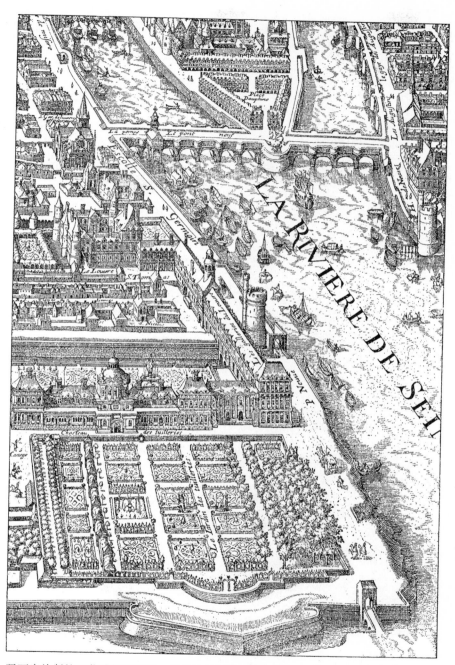

玛丽安绘制的巴黎雕刻画局部，前景为杜伊勒里宫与卢浮宫，二者通过卢浮画廊相连接。

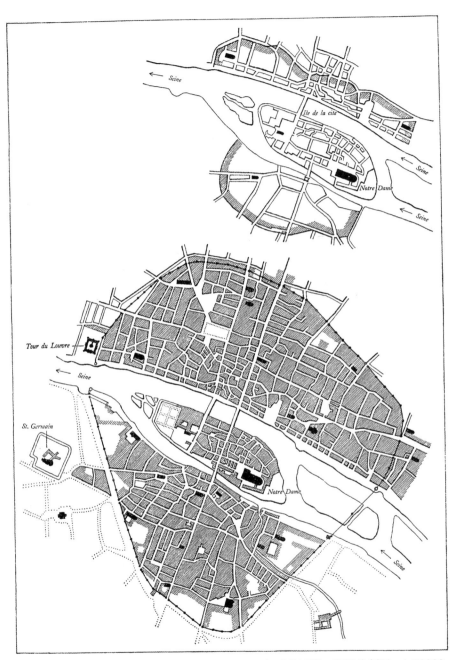

上图为中世纪早期的巴黎，下图为1180—1225年时的巴黎。两图比例尺：1:20000。
图中上端为北。

58

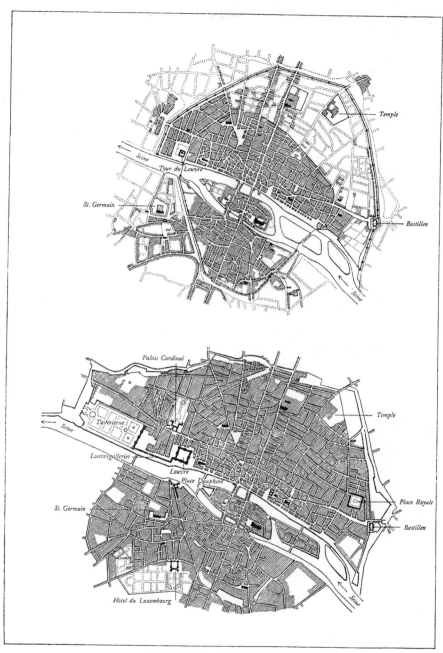

上图为大约 1370 年时的巴黎，下图为 1676 年时的巴黎。两图比例尺：1:40000。图中
上端为北。

剑客时代的巴黎

路易十三世时代的皇家广场，现为孚日广场（Place des Vosges），以及广场上的路易十三世骑马铜像，根据伊萨尔·希弗斯特的版画绘制。

在第 58 页和 59 页的地图上，左上角可以看到卢浮古堡。在最早的地图上此古堡位于城外，好像前哨阵地。后来修建了围墙，通过卢浮画廊与杜伊勒里宫连接起来。

画家）在版画中所绘）。三年后，这位皇后沿着塞纳河（Seine），又建了一座 1570 英尺长的画廊。这座画廊把城内的哥特式卢浮宫（Louvre）与城外的新建筑杜伊勒里宫连接起来，从河边看来异常雄伟。在巴黎城内，那些带山墙的房舍实在是拥挤不堪，甚至都盖到了桥上，而成排的桥梁也是一座紧挨着一座。亨利四世（Henri IV，1553 — 1610）造了一座"新桥"（Pont Neuf），于 1606 年正式通车，新桥四周没有房屋阻挡视线，可眺望河上风光及卢浮画廊。该桥连接起塞纳河两岸，桥的中部与河中的西堤岛（la Cité，又名"城岛"）的西端相接合，西堤岛的西端看来很像一只船首。国王为其皇太子（Dauphin，即后来的路易十三）所建的亲王广场（Place Dauphine）即在西堤岛的西端。亲王广场的大门即面对新桥，其余侧面全是式样统一的房屋建筑。为追求古雅的气氛，采用了哥特式的外形。通过采用高窗、墙角基石、高出檐口石材立面的老虎窗，以及排列在峻峭屋顶上的高耸烟囱等元素突出了垂直特质。

同时，试图改善巴黎城东部分的环境，创造协调统一。最初，该地曾是骑马比武的德·拉托内尔竞技场（la Tournelle）。亨利二世（Henri II）就是在此举行的女儿婚庆比武中受伤致死的。亨利四世计划在此修建一座大广场，一直到他死后，皇家广场（the Place Royale）初告竣工。这座广场为四边形，四周环绕着风格一致、堂皇富丽的建筑。当时的贵族们散居在乡间城堡里，或

60

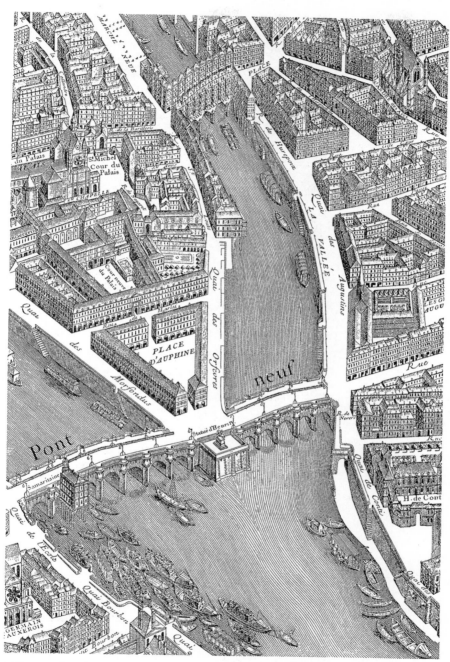

巴黎 1731 年杜尔哥地图局部，图中显示的是新桥和亲王广场。

剑客时代的巴黎

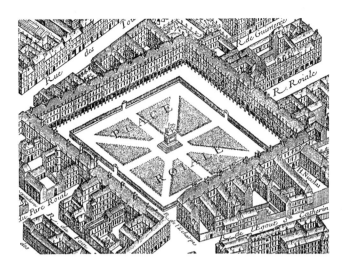

选自杜尔哥地图，皇家广场（今天的孚日广场）。

是巴黎城内的各大客栈。修建皇家广场被认为是将贵族们牢牢控制在统一思想之下的体现，构成了君主专制的背景基础。小王子们列队迎送国王的圣驾，也成为朝廷盛事之一。皇家广场是由38座相同式样的房屋组成的，房子都是用红砖和石材建成，每座的立面上对称设有一排四个窗户，其上还有高且凸出的老虎窗。南北两排中间的房子高度较高，房子的大门便是进出内院广场的出入口。后来增开了街道，两个转角也改成为道路。房屋底层有连续的拱廊相连，屋顶都是面面相对的高耸斜屋顶。在这座狭窄拥挤的城市里，亨利四世设计了这座具有国际生活特色的广场。早年此处是骑马比武之所，1615年路易十三在此举行婚礼。到1639年该处改建为一个纪念广场，红衣主教黎塞留在此竖立了一座路易十三的雕像。后来这里又改成了花园，成为当时陋巷中唯一的花园。

和亨利二世一样，亨利四世也娶了意大利梅迪奇家族的女儿玛丽·德·梅迪奇（Marie de Medici，1575—1642）为皇后。丈夫去世后，她为自己建造了一座宫殿，叫做"卢森堡宫"（the Palais de Luxembourg），位于城外，有充足的空间来辟建一座大花园。这里远离城市核心区，火枪队长"达达尼昂"发现这里是最适合决斗的场所。该宫殿是当时一座典型的法国式宫殿，也

62

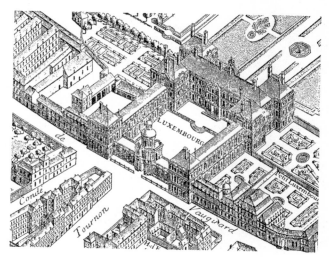

剑客时代的巴黎

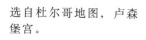

选自杜尔哥地图，卢森
堡宫。

是"口"字形，四周房屋围绕中央庭院而建。主楼是一幢三层的建筑，四周角楼带有金字塔式的屋顶，两边是侧楼，入口是一圆屋顶建筑。全法国只有一个人的住宅可以与皇宫相媲美——红衣主教黎塞留的宅邸。他曾尽力扶植独裁王权专政，他本人的个性也是倾向独裁的。在巴黎，他建造了大主教宫（the great Palais Cardinal），即今天的皇家宫殿（Palais Royal）。和两位皇室遗孀的宫室一样，该宫殿也是建在城区以外，拥有巨大的长方形花园。18 世纪时，市界范围逐渐扩大，早已将该宫纳入市区以内，花园改建成为一个带拱廊的广场，广场周围环绕着建筑物。

《二十年后》中的故事就是发生在巴黎这段剧烈动荡的历史时期。黎塞留已谢世，火枪手们对他的态度发生逆转，过去认定他是敌人，现在认为他是一位划时代的传奇人物、一位伟大的主教。他在世时，反对派的势力受到打压遏制；待他过世后，立即蠢动起来。1648 年发生"福隆德运动"（the Fronde revolt，责编注：又称"投石党乱"，"福隆德"是一种投石器的名称，这场运动是17 世纪中期巴黎人民反抗专制王权的政治运动），表面上是民众起来革命，实际是贵族们在幕后策动的暴动，反抗国王专制统治。巴黎拥挤不堪的城市、狭窄曲折的街道和大群的贫苦无产者，都是革命爆发的诱因。太后

63

剑客时代的巴黎

（Queen Mother），即奥地利的安妮公主（Anne of Austria），为了安全，携幼小的国王被迫逃离首都。虽然最终还是皇室获胜，路易十四却从未忘却当年遭受过投石乱党的欺辱，每每忆起巴黎的往事，便会觉得坐立不安。读者有时会从巴黎，跟随着故事里的火枪手们一下子赶到伦敦，而伦敦这时也正面临着一场革命风暴。英国革命的结果与法国的完全不同，查理一世竟被废黜并处死。看来是英国的议会大获胜利，城市战胜了专制制度，它是伦敦步入自由商埠发展过程中一个决定性因素。

在最后几章谈及火枪手的内容时提到，在接下来的十年间，在路易十四的统治下专制王权取得了胜利。波尔托斯（Porthos，三个火枪手之一）常被召进宫去，陪伴国王进行美食大赛。路易十四对于口腹之欲非常喜好。小说开头专注于斗剑；卷末，大量笔墨用于描写爱情、阴谋和节日欢庆，因为那时候宫廷里已经禁止比剑决斗了。但是，专制统治者已明白表示，把宫廷从拥挤不堪的巴黎迁往凡尔赛开阔的乡间去。那里原来只是一座小的行猎别墅，后来逐经改建扩充而成今日壮观的宫殿。凡尔赛宫长达四分之一英里，房间多达数百，建筑均采用低屋顶；正面用皇冠状的装饰飞檐连接起来。作为宫殿的附属物，专门建立了一座市镇，市镇的三条道路都交会于一点——凡尔赛宫的中心。作为凡尔赛宫的附属品，这座市镇就像家中餐厅的厨房和配餐室。宫殿面对一座大花园，构成巨大的景观，从宫中阳台可远眺地平线，在此建筑学的景深透视（deep perspective）效果格外突出。

凡尔赛宫的鸟瞰。前景是花园和 400 米长的皇宫正面。宫殿后方城镇里的三条主要大道交会于凡尔赛宫庭院中央的路易十四塑像，道路两旁种植着树木。

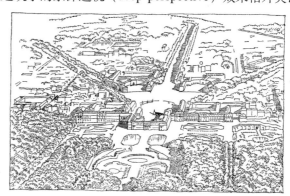

拉斐尔
的画作

拉斐尔所绘的壁画《雅典学派》，罗马梵蒂冈博物馆。

别 墅 THE VILLA

在文艺复兴时期或是巴洛克时代的意大利式别墅，与我们现在所见到的建筑完全不同。它代表了一种特殊的生活方式，意大利著名画家拉斐尔（Raffaello Sanzio da Urbino，1483—1520）在名作《雅典学派》（*School of Athens*）中便包含了这种崇高理想。画作根本不是描绘一个学派，好像与学派这个词没有丝毫的关联，而是颂扬了希腊文化的荣光。拉斐尔是希望将极受文艺复兴时代人们景仰和爱慕的一群希腊哲人的形象在单一画作中表现出来。

我们看到画作的核心人物——柏拉图（Plato，公元前424年—公元前348年，希腊哲学家）和亚里士多德（Aristotle，公元前384年—公元前322年，希腊哲学家）站中间，其他学者围绕在他俩周围。柏拉图蓄有令人肃然起敬的灰色长须，异常庄严，画面中他的身躯笔直。亚里士多德站在一旁，侧着脸注视着，长袍也翻起了大褶皱。在这两位中心人物生动的对比下，益加显现出画面的焦点，在他俩四周是一大群人。人群中，每人各有其独具的特点，而每个人流畅的动作使他们构成一个伟大的整体。可以很快从中认出苏格

65

拉底（Socrates，公元前 469 年—公元前 399 年，希腊哲学家），再有其他一批历史上的名人，如戴奥真尼斯（Diogenes，公元前 412 年—公元前 323 年，希腊哲学家）、赫拉克利特（Heraclitus，公元前 535 年—公元前 475 年，希腊哲学家）、阿基米德（Archimedes，公元前 287 年—公元前 212 年，希腊数学家）、毕达哥拉斯（Pythagoras，公元前 570 年—公元前 495 年，希腊哲学家）及其他许多学者。拉斐尔的妙手赋予这个充满知识与智慧的杰出学者团体以生机，有的人物虽只是画面核心——柏拉图的陪衬，但是名留青史；其他那些类似亚里士多德的人物也同样画得栩栩如生。

　　画中人物的共同点是和谐的可塑性，表现了画作对人物体态的完美掌控。拉斐尔在圣殿之中描绘健康的体魄从而弘扬了希腊知识精英的生活，表达了审美理想。当我们一回忆起中世纪的理想，就会联想到伟大的哲学家、数学家、几何学家们匀称的光辉体态。他们不但是受人敬仰的哲人，也是宗教殿堂中的圣人。他们的理想是过苦行僧的生活，谋求肉体从灵魂中解脱出来，进入超自然的世界，将人类深奥的苦思冥想赋予未来的生活。就此而言，中世纪也有其时代的英雄，骑士们穿着盔甲，持握着沉重的武器，其繁文缛节的仪式与教会相比，并不逊色。拉斐尔的人物素描是痴迷研究人类身体的结果，与那些代表了精神与肉体解放的圣贤与骑士形成对比。在拉菲尔的想象中，圣人们穿着鲜亮的传统长袍或是几乎赤裸，飘逸潇洒地游走。以往将生活在高墙后面、离群索居的中世纪圣贤描绘成在幽室中沉思冥想。房间使人非常愉悦，木制天花板上雕梁画栋，凹嵌的窗户装着铅质的窗格，还有橡木桌子和各种家庭装饰。拉斐尔心目中的理想人物，他们关注富有生机的世界，研究空间、天文与几何，他们根本不囿于僧侣的胶囊房。所以，拉斐尔的绘画用宽敞高大的屋宇表现了圣贤崇高的心灵。那些理想的圣人悠闲地徘徊在古典高雅的建筑之中；巨大的穹顶走廊通向圆形的中央大厅，穿过远处背景中的凯旋门便投入了南面蓝天下大自然的怀抱。逐渐扩大的前景是一处平台，台阶下面的铺地展现出宽大、清晰的图案。不存在绝对与世隔绝的圣地，这些人物直接与大千世界接触关联，建筑仅当做框架而已，如同现代罗马城中的古代废墟。

在城市中不可能认知这样一种建筑概念。前文已经提及，当时的罗马城广人稀，满目荒凉，只有狭窄的街道和即将倾塌的破旧房屋。可是，富贾豪门不但在城市里拥有深园巨宅，并且在山间建有空间宽敞、视野广阔的乡间别墅。从前，山间别墅都建得像要塞似的，四角建有坚固的塔楼。现在已经不需要再考虑防御的需要（尽管时局并不太平），创造了新的住宅类型，凉廊将突出的角楼连接起来。很快凉廊成为最重要的建筑元素。这种凉爽的柱廊式走廊实现了洒满斑驳阳光的花园与室内之间的可人联系，构成了一栋别墅建筑的显著特点，一所住宅将室内与室外诱人地连接起来。当你从街上步入洞穴似的阴凉前厅，由此可以进入高大、通风的中央大厅，大厅朝向凉廊通向花园，建筑的中轴线在由台阶、喷泉和瀑布构成的台地建筑景观中延续。你可以坐在室内，倾听着清凉的跌水洒泻于绿丛之中。当时的罗马宫殿都是巨大的封闭建筑群，高傲冷漠地面对着街道。像位于蒂沃利（Tivoli）的埃斯特别墅（Villa d'Este）修建在陡峭的山边，构成花园坚实的背景，建筑唯一属于别墅的特征就是突出的凉廊。但大多数的别墅在建筑设计上都非常丰富，两侧的建筑伸出建筑主体，入口为凉廊造型，或许会加建一层或者是做一个阳台以便更好地欣赏美景。

罗马周围山区中的别墅非常出名，而威尼斯共和国（the Republic of Venice）小城维琴察（Vicenza）附近由安德烈·帕拉迪奥（Andrea Palladio，1508—1580，意大利文艺复兴时期建筑师）设计的别墅则格外引人入胜。

别 墅

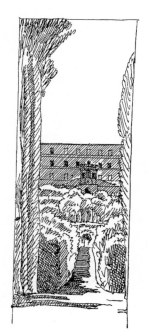

罗马附近蒂沃利的埃斯特别墅，从花园中看到的景物。

67

别 墅

安德烈·帕拉迪奥设计的坐落于罗尼多（Lonedo）的皮奥维尼别墅，入口台阶。

保罗·韦罗内塞在维琴察附近由帕拉迪奥修建的马塞别墅（Villa Maser）画作中描绘的富有威尼斯居民。

他将威尼斯的设计传统与当时的经典理想结合起来。一位富有的艺术赞助人，同时也是一位古典派学者，资助帕拉迪奥到罗马去学习，多次参观游历古代建筑遗迹，从而塑造了帕拉迪奥的建筑概念。

帕拉迪奥希望创造出对应于拉斐尔所描绘古希腊生活画作中的理想现实。现代人会认为迁往乡间郊野是脱离城市世俗凡尘深入原始生活。但是在帕拉迪奥生活的时代，人们的观点恰恰与现代观点相反。在维琴察这样封闭小城中的生活便是属于原始状态——狭窄拥挤、脏乱污浊，鲜有接触大世面的机会。为了认识当时所谓的"文明生活"，绝对需要生活在乡间，根据那时理想的生活模式加以培养。在那里你可以享受精神上的美好生活。别墅拥有巨大的空间用来招待大批的客人，成为一处聚居地。别墅有大批的佣工，有专门的农场来供给新鲜的农产品，有很多房间接待远道而来的客人，别墅主人身边左右是志同道合、趣味相投的友人。

威尼斯的贵族非常富有，也懂得如何优雅地生活。因地居东西地理要冲，威尼斯人能够看到所有东方的奢侈品运抵港口并转运西欧。这给城市、建筑和色彩斑斓的生活留下了异域烙印。威尼斯建筑在很多方面使人联想起拜占庭艺术和摩尔艺术风格。每一座宫殿都有对外通向运河的凉廊，有些建有带尖的拱顶，更具阿拉伯特色，而不是哥特式风格。与罗马别墅的凉廊比起来，此类凉廊并不高，也不很通风。凉廊像是一个房间，一面墙的窗户上有用石制花边饰带制成的窗框。与其相比，宫殿其他房间的窗户都很简陋。每一个大厅只有前后两扇窗户，强烈的阳光照射在端墙上，令墙上的绘画和雕塑格外生动。房屋的中央位于阴影之中，从而免受南面烈日酷热光线的照射。在室外，这赋予立面特殊的风格。通过尽可能远地设置窗户，似乎表达出强调建筑物宽度的愿望。普通的维琴察小住宅成排地沿街而建，仅有一间屋那么宽，每层只有两扇窗户，而且也是设置在屋子两头的屋角。宽大的屋檐设计既用来遮蔽阳光，也用来阻挡雨水。

在这个富庶并且充满东方风韵的共和国，帕拉迪奥引入了宏大古朴的崭新建筑风格。在房屋布局方面，他将古典元素与当地传统成功地结合起来。他在维琴察的住宅与大街上的其他住宅一样采用了相同的式样风格：又高又窄的建筑，一层只有一个房间，而且两扇窗户离得很远。他把一层入口修得像一座凯旋门：中央是巨大的拱门，两侧是矩形的门廊，门廊上方是窗户。在立面上，帕拉迪奥又增加了经典的圆柱和壁柱，借鉴了古希腊建筑上的额枋和柱头。

别 墅

帕拉迪奥在维琴察的住宅。

保罗·韦罗内塞在维琴察蒙特·贝利科教堂（Monte Berico）绘制的《圣·格雷戈里的盛宴》（*The Feast of St.Gregory*）。

69

别　墅

《雅典学派》中描绘的房间平面图，比例尺：1:500。

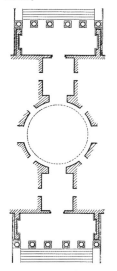

圆厅别墅中贯穿前后门廊的房间序列。比例尺：1:500。

威尼斯的宫殿建筑异常宏伟，均采用华美贵重的材料和色彩灿烂的颜色；可是对于建筑空间的使用却作精打细算。这的确难为了建筑师，他们从建筑角度配置房间，协调它们之间的关系，从而产生设计效果。在大多数宫殿里，如果他能发现充足的空间容纳那些必要的房间，建筑师便会心满意足。他把大厅朝向运河，而将出入口必须安置在凉廊的同一侧。办公房间和佣人房也无法与客室完全隔离。运河中还会举行贡朵拉划船竞赛，极盛一时；因此沿河一侧的房间，有时可以当作舞台包厢，大家盛装坐在那里观赏表演。

在乡间，土地空旷，景象完全不同。帕拉迪奥设计的别墅异常豪华，其华丽不仅体现在传统的色彩与材料上，而且也包括了建筑空间。每座住宅空间宽敞，通过房间相互联系的安排方式，以获得最佳的效果。他用泥灰塑成的拱形屋顶或圆屋顶来代替彩色的屋顶。凉廊已经演化成竖立着古典大圆柱的厅堂，就像从建筑主体中延伸出来的一座小建筑。通过这个宽阔的凉廊，你便进入了一间小厅（参见第73页的皮奥维尼别墅（Villa Piovene））。最著名的别墅当属"圆厅别墅"（Villa Rotunda），建筑几乎是四方形的，四边是巨大的柱式门廊。沿着宽大的台阶走上门廊，使你意识到房屋的构图形式与《雅典学派》中绘制的一模一样。从宽敞的门廊，你便进入了筒形穹隆屋顶的厅堂，引导你走入中央圆形的穹顶大厅。从这里，轴线穿过一个新的筒形穹隆屋顶的厅堂，延伸到另一侧的门廊。拉斐尔绘画中的建筑看起来非常庞大，就像是一座教堂。实际上它并不是一座庞然大物，并不比圆厅别墅宏伟，圆厅别墅也有与它几乎一样的豪华房间。画面上的建筑与实际建筑的差别在于：绘画是一览无余的；而身处帕拉迪奥设计的住宅中，你一次只能看到一个房间，随着步伐的移动从一间走到另一间。

帕拉迪奥设计了另一座名为"特里西诺"（Trisino）的别墅，在圆形穹顶大厅中两条作为轴线的直线以

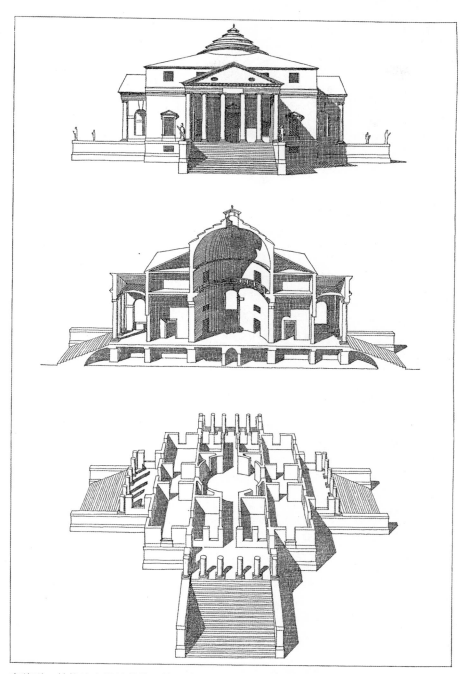

安德烈·帕拉迪奥设计的位于维琴察的圆厅别墅。剖面图比例尺为 1:500。

别 墅

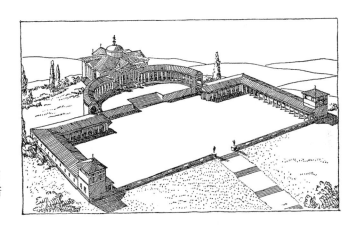

帕拉迪奥设计的位于梅勒多（Meledo）的特里西诺别墅鸟瞰图。

请参见第73页插图，展现了别墅恢弘的凉廊及后部的房间布置。

第73页插图是皮奥维尼别墅的真实写照。

90°角相交。在这座别墅中，他增添了一座略微低矮的柱廊式侧厅，以大型的拱门形式勾勒出入口。这种建筑形式，在以后的欧洲建筑中反复出现。

帕拉迪奥的大多数别墅在平面与设计上不因循空谈理论；整体来说，极富活力生机。当房屋的正前方是一座巨大的柱廊式凉廊，后面则很少再会出现与凉廊同样宽度的房间。通常沿主轴有一间狭长的房间，左右两侧是对称的房间，依照维琴察风格在拐角附近都设有窗户。从外面看起来，你会感觉出一定的规则性，但并不是按照固定的间隔规律地设置开窗。像音乐的节奏，不一定非要用明晰的节拍去突显。从表面看上去是两扇排列在一起的窗户，从室内来看实际却是一室一窗，原来有一面内墙把两扇窗子隔开了。柱廊好像一把大钳子，要把后面的全部房间掌控起来。同时，它可以在室内和房屋立面上产生有趣的光影变化。帕拉迪奥设计的凉廊与典型的古典式走廊相较，也略有不同。入口大门上方中央的一对柱子，其柱距间隔较其余的更宽。再次以音乐为例进行比较，当演奏一首乐曲时，表演过程中一定会令人产生深刻的印象。

帕拉迪奥设计的别墅被视为是理想建筑的范本。他对建筑并非纯粹追求功利性，关键是创造空间与建筑实体的高雅组合构成，重视宽大的尺度，而材料与

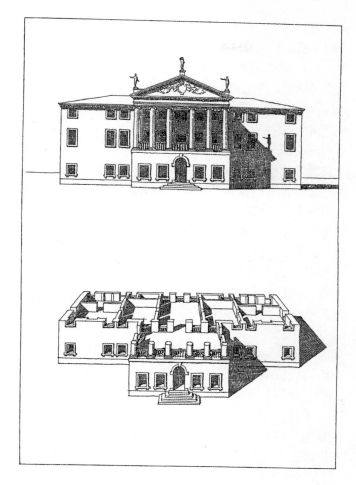

帕拉迪奥设计的坐落于罗尼多的皮奥维尼别墅。门廊后面的立面按照1:500的比例尺复制。插图根据一幅古版画绘制。别墅从二层的凉廊向下是巨大的外侧楼梯，周围是宏伟的花园楼梯，参见第68页。

装饰则朴实无华。他采用大片涂以灰泥的墙面，配合深暗的窗洞，以极其简单的形式为由柱廊和精雕细刻的细部所产生的阴影效果构成了背景。

　　帕拉迪奥同时代的画家保罗·韦罗内塞（Paolo Veronese，1528—1588，意大利画家）所绘制的盛宴场景，使我们得以一窥人们在这类别墅中的生活。韦罗内塞描画了在想象的多柱凉廊中举行的贵族宴会。

　　帕拉迪奥所设计的别墅，无论规模大小，都堪称伟大的建筑，在欧洲建筑史上，开启了一个崭新的纪元。历代建筑师们翻来覆去地重复研究这些别墅，探索帕拉迪奥建筑艺术的重要价值。在圆厅别墅的构图中，全部房间围绕中央大厅对称组合，这种设计手法成为后世重复使用的理想模式。在《英国的维特鲁威》（*Vitruvius Britannicus*，另译为《英国的建筑师》，介绍18世纪英国建筑与建筑师的名著）中，有大量乡村房舍的图板都是依循圆厅别墅的风格而建。帕拉迪奥式建筑的活泼特质反映在门窗排列、立面的总体设计与重点部位，有些值得赞赏，有些令人不敢恭维。上述特点极其适合青睐节奏感的巴洛克式建筑师的口味。对每个人而言，散布于各地的帕拉迪奥别墅必值得一览，它们是意大利具有纪念价值的重要建筑场所。对艺术家而言，到意大利乡村的实地研究考察不仅是必须的，而且也是绅士素质教育的一部分内容。维琴察郊外帕拉迪奥别墅的建筑影响力迅速传遍整个西欧。

圆厅别墅主题的一个重要变体出现在路易十四时期的法国。他从父亲法王路易十三手里继承了由三厢建筑构成的小型狩猎屋——凡尔赛，随后他将房舍进一步扩建为一座规模宏大的宅邸。凡尔赛不仅包括众多建筑物，而且容纳了一大批拥有人工湖泊、喷泉和大量艺术作品的大花园。生活于路易十四时代晚期的圣西蒙公爵（the Duke of Saint Simon）在他的回忆录（回忆录中圣西蒙公爵大加鞭挞了国王，对路易十四的评述也有失公允）中写道："陛下已经厌倦了宫廷的富丽堂皇和川流不息的人流，不时期待小范围的清幽静养。他到凡尔赛附近寻访一处能够满足国王追求独居生活的理想场所……在路希维安（Louveciennes，位于巴黎西郊18公里）的后面，他发现了一处幽深的峡谷，由于沼泽的阻隔，人们难以进入，毫无风景可赏，山坡上有一座可怜兮兮、名为'马尔利'（Marly）的小山村。这片与世隔绝的不毛之地没有任何景致可言，也没有开拓景观的可能，而这恰恰是陛下中意于它的原因……于是建起了隐秘的房舍。修建的目的就是为

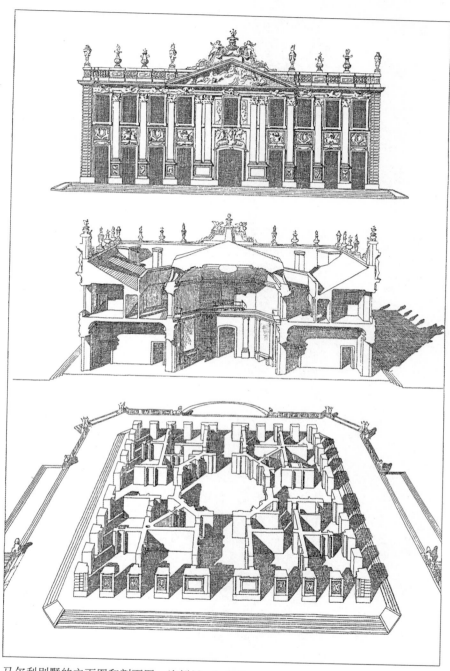

马尔利别墅的立面图和剖面图，比例尺：1∶500。

別 墅　了方便国王在星期三到星期六之间来这里小住几夜，或是一年来个三两趟，每次只带着十几名最贴身的仆卫。隐居的宅舍逐步扩建，清整出两侧山坡构建新的房屋。最后一块山坡被铲平之后，景观获得了改善，但视野仍受到局限，并没有引人入胜的感觉。"圣西蒙公爵继续描述了这些大规模的建筑工程，包括了建筑物、花园、喷泉、水平如镜的池塘和一条巨大的、称作"马尔利机械"（Marly's machine）的引水渠，它不仅为马尔利供水，而且为凡尔赛数不清的喷泉和瀑布提供水源。路易十四暮年有大量时光生活在这里。马尔利不是普通的小规模别苑。第75页的插图反映出其主体建筑似乎并非异常宏伟，但是规模尺寸巨大，若在相同的比例尺度下，与其他建筑稍加比较即可一目了然。例如，马尔利的两层建筑与第158页提及的哥本哈根六层公寓大楼一样高。主体建筑为两层的长方形，在平面上远远超过圆厅别墅。房间围绕着一个高达两层的八边形圆顶大厅。但在法国，早先所有的宫殿都有塔楼和圆屋顶，而此时则反对在皇冠状大屋檐之上增加任何构筑物，马尔利的宫殿却又将穹顶重新纳入了建筑之中。房间通过围绕穹顶的一圈隐秘走廊采光。马尔利宫殿的构图组合简单清晰，建筑风格简朴，与凡尔赛的富丽豪华完全迥异。长方形的主体建筑坐落于椭圆形水池的远端，四周是台地和山坡围绕。在水池另一边高处的台地上伫立着许多小屋，每座小屋在平面上都近似于长方形，看上去方方正正，为每一位宫廷侍从都提供了简单的食宿。这些房舍通过带凉棚的走廊连接起来，尽管是一座座的独立式小房屋，但它们却构成了一个建筑整体。在水池地势稍低一侧，瀑布水流向下面的水池，整座庄园被森林和树丛所包围。路易十四死后，马尔利庄园废弃失修，后来逐渐衰败，现在殿宇的残垣碎石都荡然无存了。

罗马的法尔尼斯宫。
比例尺：1∶500。

荷兰人的贡献
THE DUTCH CONTRIBUTION

在意大利，到处可见具有巴洛克式风格建筑师的经典建筑细部，在塑性建筑中穿插圆柱与壁柱，设计技法交汇融合，虚实之间创造了充满生机的对比，采用轮廓鲜明的雕塑、形似波浪状大理石般的幔帘以及富有特点的外形轮廓。意大利人世代钟情于简洁与古雅，目睹着古代遗迹的残垣断壁必定使他们怀古追思。这些具有纪念价值的古老遗址每块砖瓦残片都是珍品，比当年兴建时还要尊贵。16世纪米开朗琪罗所设计的宏伟的巴洛克式建筑一百年后重新出现在伯尼尼的作品当中。两位杰出大师既是建筑师，同时还是雕塑家，他们都钟爱活力四射、富有表现力的设计风格，而且青睐简洁宏大的建筑，比如长方形的宽敞豪宅。这种理想范式从罗马传播到巴黎、伦敦和哥本哈根，然而却都没能开花结果，直至在斯德哥尔摩立方形的宽敞豪宅理念才变为现实。

意大利旅行家知道在罗马有一座"法尔尼斯宫"（Palazzo Farnese），这座建筑是经历几个阶段才建成

荷兰人的贡献

16 世纪的斯德哥尔摩。比例尺：1：20000。图中上端为北。

19 世纪斯德哥尔摩的核心区。
比例尺：1：20000。
图中上端为北。

从东侧遥望斯德哥尔摩。右侧：古城堡。根据一幅17 世纪的版画绘制。

的，顶部是数量众多的米开朗琪罗式檐口，更加突出了建筑的恢弘气势。大约在 1650 年伯尼尼设计了巨大的"蒙特齐托里奥宫"（Palazzo Montecitorio），这座建筑外形雄伟，属于巴洛克式风格，就像从石基上拔地而起直插云天。精心垒砌的基石好像是天然石材构成的坚固整体。在这块基础上，建筑细部逐步展开，仿佛罗丹（Rodin，1840 — 1917，法国雕塑家）晶莹剔透的大理石人物雕塑。当伯尼尼应聘到巴黎去设计新卢浮宫的时候，已经大规模展开了他的建设规划。

克里斯托弗·雷恩（Christopher Wren，1632 — 1723，英国建筑师）1665 年曾造访巴黎，亲眼目睹伯尼尼的绘画，并深深地为他倾倒。但在英国，刚刚复辟的查理二世（Charles II，1630 — 1685）无暇施建意大利式的大规模宫殿建筑。这位性情愉快的国王只要能保住王位，不重蹈覆辙再度流亡就已经心满意足了。他不会冒丧失民心的风险大兴土木。像很多 17 世纪的皇家都城一样，哥本哈根缺少一座富丽壮观的宫殿，体现专制主义的辉煌。1694 年瑞典著名建筑师小尼克德姆斯·泰辛（Nicodemus Tessin，the Younger，1654 — 1728）应邀到丹麦首都提交新皇宫的设计规划。他也是伯尼尼的崇拜者之一，并曾经在罗马与伯尼尼相识。他宏伟计划的最终结果是按照 1/2 英寸：1 英尺的比例制作了一个硕大的木质模型。这个模型被珍藏了

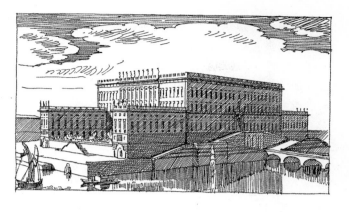

斯德哥尔摩的皇宫。18 世纪
小尼克德姆斯·泰辛设计。

一个多世纪，深受后世建筑师的推崇。1733 — 1740 年
修建了新王宫——克里斯蒂安堡（Christianborg），宫
殿的外形立即使人联想起泰辛设计的模型，它是立体
派意式建筑的分支。详细而言，它带有南德意志巴洛
克建筑风格的烙印（参见第 117 页插图）。

　　真正继承意式宫殿风格的嫡传建筑首次现身于斯
德哥尔摩。那时的瑞典首都还是一个坐落在从大海中
抬升起来的石岛上的中世纪小镇。山顶上有一座市场，
相隔一个街区是一所教堂。13 世纪时规划的斯德哥尔
摩属于新勃兰登堡式（New Brandenburg type）的城镇，
由于山势的高低起伏显得略欠规整。最初城市的规模
非常小，四周环绕着城墙，拱卫着从地势低洼的海岸
到高处山城的大范围山坡区域。但是很快富商巨贾的
高大宅府便超过了城墙高度，三角形山墙立面的建筑
沿着码头岸边摩肩接踵地排列开来。今天我们仍能透
过建筑的三角形山墙，看到后面山坡上的老城。在黄
褐色和红色的古老房舍之间，狭窄陡峭的小径通向山
顶，这一景象与意大利的山城一模一样。而且现在新
增了方方正正的庞大宫殿，呈坚固的四方外形，与周
围众多色彩鲜艳的棱柱状住宅建筑相映成趣，共同构
成了一个崭新的生机勃勃的整体。

　　这座位于北方的城市令人回想起意大利的城镇，
它的宫殿完全是典型的意式宫殿建筑。在这里我们清

斯德哥尔摩的皇宫。从下
沉式公园看到的北立面。
比较第 67 页的埃斯特别
别墅。

荷兰人的贡献

晰地见到了台地式建筑，基地是高低不平的石头，屋顶是精细加工的科林斯式飞檐。行伍出身的瑞典国王查理十二世（Charles Ⅻ，1682—1718）征战欧洲多年，他不断与建筑师沟通，谋划在遥远的北方荒凉石岛上修建豪华的宫室。

欧洲所有的君主和王爵都在他们陈旧狭小的都府中竭尽所能修建鹤立鸡群的壮伟宫殿。但在共和制的荷兰，富庶的阿姆斯特丹公民们不仅只是修造一座宫室，而是营建一座精彩动人的城市。尽管缺乏突出的核心建筑物，但每座建筑却是和谐整体的一个组成部分，整个城市构成了庞大的整体。与同期其他地区的房屋相比，阿姆斯特丹的住宅使用砖木结构，而非石造。像船舶一样，在外面敷以沥青、油漆加以保护。

在荷兰，没有仿效其他国家的建屋原则，并非是建筑师们追求标新立异，而是环境所必需。几百年来，荷兰人一直与风暴和大海奋争生存。别的国家具备容易开采的丰富自然资源。事实是拥有土地便拥有了财富，但在荷兰一切都不是轻易唾手可得的。人们运用各种开发技巧，迅速实现了从大自然中艰苦开拓获取的每一分土地极高的开发程度：修筑堤坝、挖掘运河、排干海平面以下低地中的积水。人们从航海、捕鱼和贸易中积累财富。所有因素促成了一个日益兴旺的国家，生气勃勃的人民学习依靠他们自身的资源建设国家。

在《创造现代荷兰》（*The Making of Modern Holland*）一书中，阿德里安·雅各布·巴尔诺（Adriaan Jacob Barnouw，1877—1968，荷兰历史学家）描述道："荷兰人天生都是命运坎坷的个人主义者（individualist），个人的艰苦奋斗不会要求争取公民自由。"他进一步解释："荷兰人由于自然的、经济的或者政治的原因参加了各类自治合作组织，通过艰辛的实践体会出他们个人的力量必须依附于集体合作。只有限制个人自由，大家集体服从自定法令，这类合作才能可行。但在中世纪末荷兰的大多数居民还是居住

阿德里安·雅各布·巴尔诺所著1948年伦敦出版的《创造现代荷兰》。

80

Oude Delft set fra Oude Kirk 10·9·1950.

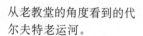

从老教堂的角度看到的代尔夫特老运河。

在城市中心区域。1500 年荷兰和比利时只有 208 座设防城镇以及 150 座没有城墙的大型村落，人们时常会将这类村落误认为是城镇。"很多荷兰城镇都是修建在拦海造田开垦出的土地上。开拓建设用地，首先第一步就是开挖运河，利用挖掘出的工程土构筑周围的堤坝，围栏出的土地填覆从外地运来的砂石。修建起一座房屋更是历尽艰辛——桩柱必须深埋至地下水以下，才能构成坚固的基础。必须保持稳定的地下水位，从而防止桩柱腐烂造成房屋垮塌。经民众赞同成立的第一个合作组织就是水利委员会（waterlevel office），它的职责就是保持运河和水闸的恒定水位高度。

在古城代尔夫特（Delft），最为庄严的建筑当属建于大约 1520 年的哥特式水利委员会建筑（Gemeenlandshuis），带塔楼和尖顶的建筑立面上悬挂着彩色的盾形徽章。

这座建筑面临代尔夫特主要的河道——代尔夫特老运河（Oude Delft Canal）。这里是荷兰城镇标准的起点：铺砌石块护堤的运河，两岸是住宅街区，房屋鳞次栉比，与运河之间是鹅卵石铺就的街道。房屋都将狭长的三角形山墙面对运河，细瘦的房屋后身是花园。房屋侧墙支撑荷载压力。由于房屋之间紧密排列，导致两户人家可共用地下桩柱，从而降低了昂贵的建筑成本。屋面搁板都架置于边墙上，前后墙体只是负荷

81

荷兰人的贡献

自身的重量。由此墙体可以适当减轻厚度重量，不仅减少了桩柱成本，而且可以安装窗户，便于阳光射入幽暗的房间。在房屋立面上大量开窗是荷兰的古老传统，宛若浮雕细工。甚至今天的荷兰，我们还能看到在修建房屋时，边墙、地板和屋顶竣工到位后才搭建立面墙体，就像盖玩具屋一样。立面最重要的部分是沉重的窗台，需要先安装好，再用砖垒砌填充窗台里面的空间。与古典营造施建的方法不同，传统上，墙是最重要的构件，窗子只是整体上的开洞而已。而荷兰的施工方法好像有些本末颠倒，把马匹拴在了马车车厢的后面，车辆如何起步呀？但在荷兰，用窗户，而非砖石墙体，构成了外墙。

代尔夫特的老运河大致呈南北流向。在运河的右角是一处市场，从位于河边建于1250年宏伟的老教堂（Oude Kerk）延伸到1381年修建的新教堂（Nieuwe Kerk）。在1600年左右，代尔夫特盛极一时，是荷兰最大的城市之一。市场周围的房子是一长溜的大商店。1732年的版画展现了一整排带三角形山墙的中世纪房屋，没有一座底层是砖墙构造的，全都修筑于桩柱之上，桩柱高达二层、甚至三层。二、三楼以上才开始用砖垒砌。

同种类型的房屋还出现在威尼斯，威尼斯房屋的底层是由细柱和带状石材构成的结构。愈向上，墙体愈加结实牢固。在荷兰的气候条件下没有必要修建柱廊。下面的楼层安装着窗户，光线可以射入，同时又阻隔了冷空气。在早期，玻璃的价格非常昂贵，窗子只是在上半扇才装着玻璃，下半截是木质百叶窗。后来，下半扇也装上了玻璃。新近安装的玻璃置于百叶窗的后面。如此一来，居民既可以控制光线和室内温度，又避免了无聊好事者的窥视。部分房屋的上半扇窗户则增加了百叶窗。同时，人们还开始使用窗帘。此时的房屋与实用的现代住房拥有同样多的窗户空间面积，而且更能控制与调节光照，掌握了从明亮的光线

16世纪带有阶梯状三角形山墙的典型荷兰城镇住宅。一层立面属于木质结构框架，并安装有玻璃窗和百叶窗。

82

荷兰人的贡献

代尔夫特的市场。A.拉德梅克（A. Rademaker）根据莱昂·申克（Leon Schenk）1732 年的版画绘制。画中右侧拐角处的建筑就是维米尔的家。

到最强烈明暗对比的技巧，使从一块窗玻璃射入的光线能够集中于房间内的一点。换句话说，不仅可以操控室内光线的数量，还可把握光线的品质。自古至今，没有哪个国家的艺术家能如此善于利用建筑赋予的光线。

荷兰画家有他们独特的创作主题，别人是无法与其分享的。路易十四的宫廷画家夏尔·勒·布伦（Charles Le Brun，1619—1690）负责改造宫廷周围的环境，他把亚历山大大帝（Alexander the Great，公元前 356 年—公元前 323 年）及其部属的寓言故事以及奥林匹斯神山（Mount Olympus）上希腊诸神的故事绘制出来。而荷兰人则用描绘了他们日常生活的画布来装饰墙壁。人群的姿态源于观察生活，画家巧妙组织光线，使官员的制服、淑女礼服长裙上的丝线和天鹅绒都熠熠生辉。这些写实画作是专为通晓织物特性的商人客户定制的。画中人群的生活背景富足，室内灯光暗淡，布置有文艺复兴风格的大柜橱和带顶棚的床，就像是悬垂帘幛的小房间。常常需要柔和背景色调，从而不与色彩鲜艳活泼的前景发生冲突，画家本人有时会遗漏这一点。浪漫时代（Romantic period）的博物馆管理员就使用深色的清漆涂抹掉背景。

如果将荷兰住宅简单总结为：室内灯光昏暗以及白泥灰墙和大窗户，那就错了。一位代尔夫特画家约翰内斯·维米尔（Johannes Vermeer，1632—1675）为我们记录了这些明亮房间鲜活、明快的特质。

83

荷兰人的贡献

在众多介绍约翰内斯·维米尔的传记中，最有价值的是由荷兰艺术史家P.T.A.史威林斯（P.T.A. Swillens, 1890—1963）撰写、谱系·乌德勒支与布鲁塞尔出版社（Spectrum Utrecht and Brussels）1950年出版的英文版传记，书中专门介绍了维米尔油画创作年代的详细信息。

代尔夫特，从新教堂的塔楼看到的老朗厄代克区（Oude Langendijk）和维米尔离世时的住宅。

在同一城镇里，维米尔的邻居、与他同时代的安东尼·范·列文胡克（Anthony van Leeuwenhoek, 1632—1723，生物学家）发明了显微镜，他借助显微镜以全身心的投入和极大的想象力彻底改变了人体组织的概念；他研究了血管细胞和毛细血管，第一个观察到并绘制出细菌。维米尔也是以同样的热情专心研究人像与房间的关系。研究用的房间就是他的画室——一间简单的荷兰风格房间，地面铺着地砖，清晰地标示出画板与后墙之间每个对象的深度和相对位置。左侧边墙上最后一扇窗户位于角落上方，窗扇很大，清晰射入的侧光照在后面的白泥灰墙以及一排代尔夫特地砖上面。光线强弱变换，窗口附近光线最强，屋内右上角最为暗淡。通过调节百叶窗，或是挂上黄色／蓝色的窗帘，维米尔从而可以改变光线，将后墙变为彩色或者是幽暗的背景。以此能够描绘出各种不同变换的光线，在他的画室中，阳光无法直射，屋内总是保持清凉和明亮。在前面他利用从天花板顶梁上悬挂的帷幔，调整出各种适宜绘画创作的房间形式。在数字般精准的环境中，维米尔布置人物和陪衬物，例如桌子、椅子、乐器、东方挂毯和其他在明亮的光线中显而易见的物品。在伦勃朗（Rembrandt, 1606—1669，荷兰画家）和弗兰斯·哈尔斯（Frans Hals, 1580—1666，荷兰画家）的画作中，黑色可能意味着深色的阴影。在维米尔的作品中，没有如此深暗的阴影。画室的另一边，即使没有照到阳光，通过从白墙上反射的光线，也可以看得一清二楚。尽管画面中没有看到墙的身影，但也充分发挥了功效。我们不仅感知到形式背后（behind）的空间，而且包括了围绕（around）形式的空间。除非物体本身是黑色的，画中才可用黑色来表现，比如墙上的黑色镜框、一顶黑色海狸皮帽。因此，除了黄色和蓝色，维米尔又多了黑色这一钟爱的颜色，可通过对比强调色调的明暗。

维米尔或是在精心对比的光影之中，或是那些站

荷兰人的贡献

再现维米尔作画的室内图景。

在网格状铺装的地砖上的和谐人群中安排人物。他仔细按照室内地砖对角线摆放椅子和大提琴强调景深。与同时代的法国画家相比，维米尔的画作主题有限，甚至可以算作贫乏。但是他以精妙的笔调为工具创造了极其丰富的浓淡色彩。人们很自然地从音乐角度品味他的绘画。他的艺术价值完全融入形式与空间、光与影、色彩基调等元素之间的比例和关系之中。他的作品属于艺术瑰宝，仅有大约三十余件公之于世；有些画作虽然很小，但也是他潜心研究、分析全新的生动主题才创作完成的。

这些优雅的作品不是在叙述故事或是趣闻，浪漫主义观点的评论是"没有核心灵魂人物"，但画家是为同胞们真实写照了他们日常生活的环境。在他人眼中，维米尔这类艺术家属于另类。彼得·德·霍赫（Pieter de Hooch，1629—1684，荷兰画家）曾创作了大量没有多大价值的风俗画（genre picture），然而在他搬到代尔夫特以后画风剧变。我们强烈感受到维米尔极尽完美的艺术追求对其作品的影响，他不再只是模仿同行的作品。其他人是在凉爽的北侧光线下作画，而霍赫描绘的是西向房间里的景象，落日金黄色的光辉照亮了整个房间。他不满足只在一个房间工作，总是寻觅不同的房间探寻不同的光影效果。

85

荷兰人的贡献

从坐落于代尔夫特老城的住宅欣赏老式花园（兰伯特·范·梅尔滕住宅（Huis Lambert van Meerten））。

　　霍赫肯定是曾在很多代尔夫特老运河西侧的房屋中作过画，那里至今仍有许多大大小小的花园。虽然画作无法给出明确的作画地点信息，但每一幅都是代尔夫特特殊景观氛围的真实写照。反映了民宅的魅力——高大简朴的房间、栽植树木的悠长沿河街道、带出口的方形屋后小花园，再有园中的桌椅板凳，就像是轻松舒适的户外房间。花园安排得很周到，既防护风雨，又能阻止好奇的陌生路人偷瞥。一家人可以休闲地坐在浓郁的树荫下，享受安静平和的夏日傍晚。附近的教堂塔楼在落日的余晖中回荡起悦耳的钟声。

　　霍赫的作品深受大众的欢迎。他重复描绘同一个主题，鲜有改动。大于在 1667 年他离开代尔夫特去到阿姆斯特丹，但他再也未能像在代尔夫特一样，成功地探寻出"阿姆斯特丹精神"（the Spirit of Amsterdam）。17 世纪时阿姆斯特丹已然发展成为一座非常富裕的庞大城市，一幅画作无法完整呈现全貌。

　　在阿姆斯特丹老城区的东南，有一片称为"宾霍夫"（Begijnhof, 责编注：最早是 12 世纪天主教伯格音派（Beguines）信众的聚居地）的住宅群，在一小片区域中保留着从哥特式一直到巴洛克式的阿姆斯特丹古民宅。实际上，这里是教会兴建的救济贫民区，每一

阿姆斯特丹"宾霍夫"区的住宅。左侧两栋住宅巴洛克式立面的水平屋檐上典型的阿姆斯特丹式山墙。

户家庭都有自己的住房。房屋都围绕着教堂，与喧闹的街道交通隔离开来，形成了一片宁静的封闭区域。这是一种纯粹荷兰式的集体公社式住宅，也是一种个体住宅形式。站在入口处，一条狭窄的石砌小路穿过每一户带高耸三角形山墙的哥特式全木制房屋。这样的老房子竟有大片的开窗面积。多数此类房屋都经历了多次翻修重建。部分房子的一层完全是窗户，有些修有阿姆斯特丹式山墙（halsgevel），顶层是一间大阁楼，用来吊装家具和大型器具（责编注：传说政府对门的宽度有限制性规定，并根据门的宽窄征税，所以传统的荷兰民居房门以及屋内楼梯都比较狭窄，为提高室内采光都安装了大扇的窗户，同时通常采用安装于山墙上的铁钩和滑轮搬运家具）。

阿姆斯特丹，"宾霍夫"区4号，全木制、三角形山墙的哥特式住宅。

　　虽然代尔夫特的发展陷于停滞，城市定格于历史；而阿姆斯特丹却成长为一座大规模的城市。阿姆斯特丹位于河口位置，阿姆斯特河（Amstel）两岸筑起了堤防，造就了适宜人类定居建设的基础条件。沿着河流的分水岭是狭窄的主要街道，河岸码头沿途是一排排商人们的仓库，周围是防护用的栅栏和深沟，今天阿姆斯特丹的一些运河与街道仍沿用古老的名称，如旧城墙运河（Oude Zijds Achterburgwaal）。

　　以此为核心，阿姆斯特丹以非同寻常的组织形式拓展起来。围绕着原始的运河与堤岸，首先规划布置

荷兰人的贡献

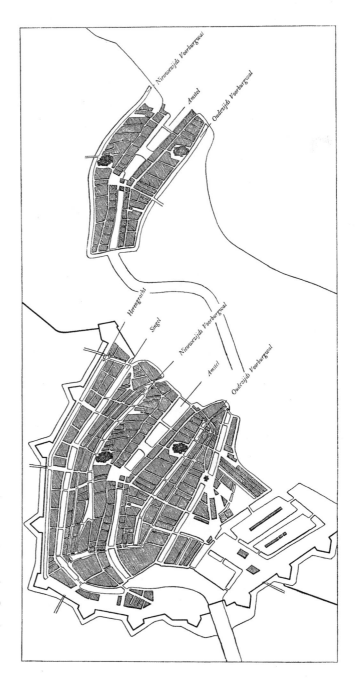

阿姆斯特丹城市发展的三个阶段。比例尺：1:20000。图中上端为北。本页图中：上图，大约15世纪时阿姆斯特河两岸的阿姆斯特丹。河的东岸老教堂一带是最老的城区，河的西岸新教堂一带是新城区。下图，大约17世纪时的阿姆斯特丹。第89页图，19世纪时根据1612年的大规模城市建设计划扩建的阿姆斯特丹。

88

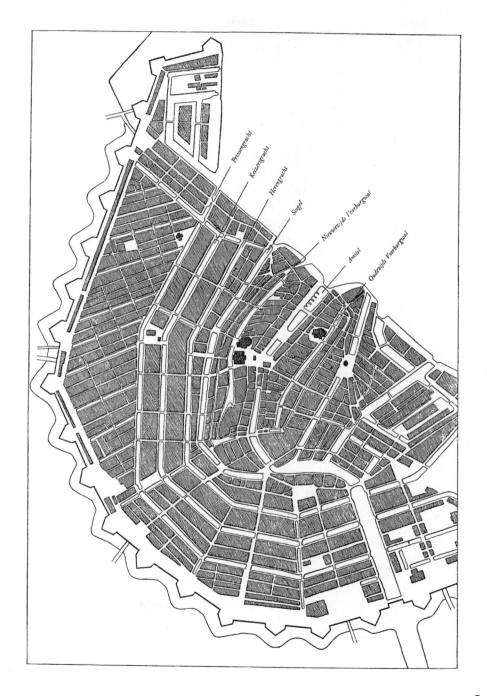

Prinsengracht
Keizersgracht
Herengracht
Singel
Nieuwezijds Voorburgwal
Amstel
Oudezijds Voorburgwal

89

荷兰人的贡献

阿姆斯特丹的雅士运河。

了新的运河与堤岸，从而用水体将全部房屋有效地连接起来。如果零散地施建，结果将是一座没有组织形式与统一完整性的城市。大约自 1612 年开始的几百年间城市执行系统性的拓展计划，开发不是依照国际性城市规划模式，而是遵循具有阿姆斯特丹特色的建设体系。

在皇家宫苑型城市中，宏伟的方形宫殿成为了专制主义的象征，阿姆斯特丹则成为了荷兰共和政体的象征。在旧式的荷兰城镇中，一座堂皇的尖顶市政厅将它的投影笼罩在周围的矮小房屋上。但在新城中，沿河的成排豪华市民住宅创造了建筑上的大统一。两岸栽植树木的运河、街区两侧建筑整齐划一的外观、扎实稳健的房屋都体现了荷兰社会的勤奋进取与勃勃生机，再有居民与生俱来的商业天赋。整座城市就像是一家由全体公民共享股份、蒸蒸日上的大公司。

如同中世纪的"宾霍夫"一样，这里没有与世隔绝的隐居之所。只有满载商品货物的驳船穿梭行驶于漫长、宽阔的运河两岸的住宅之间。荷兰人已经成为操控修建运河工程的技术大师。16、17 世纪须德海（the Zuider Zee）支流的流域土地被改造为草地。在明细图上，通过规则的直线运河网可以很容易辨别出荷兰的地貌特征。磨坊的风车成为荷兰景观的一个有机组成

Keizersgracht. Amsterdam

荷兰人的贡献

阿姆斯特丹的国王运河。

部分，控制风力推动将运河中的水流从一个水位送入另一水位，最终归入大海。荷兰画家在那些由海岸滩涂改造成的绿草地和花坛中发现了美景，荷兰城镇规划师看到了运河街道蕴含的建筑可行性。

17世纪时，克劳德·劳伦（Claude Lorrain）运用透视方法绘制出取材于港口和大海的宏伟景观，同时，勒·诺特在维孔特庄园（Vaux-le-Vicomte）和凡尔赛广阔的景观上围绕运河规划了公园；在他们之前，荷兰人早已围绕呈环形的运河实施了具有运河情调的城市规划。第一期开工修建了三条大运河：最内侧是雅士运河（the Heerengracht），中间是国王运河（the Keizersgracht），最外侧是王子运河（the Prinzengracht）（尽管还承认国王和皇族，但城市公民已经走上舞台）。

与代尔夫特的运河相比，这些运河的规模非常大。雅士运河与王子运河宽近80英尺，国王运河更是宽达88英尺。运河两岸房屋的间距超过150英尺（比较而言，在伦敦白厅（Whitehall），建筑物之间的距离约为140英尺；在伦敦波特兰区（Portland Place），建筑间的距离为124英尺）。两侧河岸上，运河与建筑之间是遍布着码头的宽阔街道，根据各种用途，路面呈

荷兰人的贡献

请参见阿姆斯特丹1950年出版的工程学士A.布肯（Ir A. Boeken）所著《阿姆斯特丹的门廊》（*Amsterdamse Stoepen*）。

1944年在阿姆斯特丹出版的由詹尼斯·格哈杜斯·华特吉斯（Jannes Gerhardus Wattjes，1879—1944，荷兰建筑史家）与菲利普·安妮·华纳（Philip Anne Warners，1888—1952，荷兰建筑史家）共同撰写的《阿姆斯特丹的建筑艺术与整洁的城市，1306—1942》（*Amsterdams Bouwkunst en Stadsschoon，1306—1942*）一书中的858幅插图详细描绘了新、旧式样的阿姆斯特丹住宅。

条状铺砌着各式不同的圆石。在靠近运河的位置常常是粗糙的花岗岩石块，大约有10英尺宽。从驳船上卸下的货物堆放在这里，而且还种植着树木。中间是行车的道路，铺着缸砖，呈人字形排布；最靠近建筑物的是用石材铺砌成另一种图案的人行道。在阿姆斯特丹，住宅门前的区域称为"门廊"（stoep），这里既是道路，又属于住宅的一部分。房屋不能修建在门廊区域，但可用于地下室入口或是楼梯过道。在阿姆斯特丹，入口楼梯常常具有艺术品的特质，采用了精美的比利时蓝石工，与暗红色的砖砌房屋形成鲜明对比。楼梯常常装饰着精致的铸铁扶手。如果不修楼梯或其他突出的构筑物，会抬高路面铺上美观的地砖或是其他铺面材料。实际上门廊属于房屋的一部分，屋主人也乐于把门廊打扫得一尘不染。每天清晨，家家户户门前人们都在刷洗楼梯，仿佛登上了一艘秩序井然的轮船。总之，访客总是能够体会到在他所处的城市——航海发挥了极其重要的作用。房屋的墙体是由小块暗红色砖块砌成的。墙体通常不超过8英寸厚，墙面涂覆亚麻籽油防潮，这更加深了砖块的颜色，使墙体像船的侧舷一样光鲜。在深暗的墙体上，木质构件异常引人注目。宽大的窗台和狭窄的窗框精心搭配有两种颜色：米色和白色、白色和深绿、灰色和白色。有时还会看到镀金的或是彩色的招牌，使人联想到各种颜色和外形的西班牙帆船，事实上整栋建筑物常常用油漆和油脂涂装粉饰起来，使人们看到与这座海运型城市相匹配的色彩斑斓的街景。这里的房屋又细又高，稍稍前倾。承托的楼板是继承哥特时代的设计传统，还是源于漆饰过的船舷？房屋一层的楼面高出街道几节台阶，一层的尺寸较大，越往上走，楼面逐渐缩小，顶层仅剩一、两间储藏用的阁楼。最吸引人眼球的是从三角形山墙伸出一根巨大的悬挂梁，这一景象在每一座房屋上都比比皆是。尽管有些房屋根本没有阁楼，内部的楼梯异常窄陡，根本不可能搬运家具。由此可以研究在不断拓展的城市中风格的演变。事实上，房屋之间都极其相似，差异很小——这是由建筑细部，而不是结构性差异揭示出来的。带有文艺复兴风格的三角形山墙和台阶看起来又像是半哥特式建筑，17世纪房屋立面采用古典式的壁柱和檐口装饰，保留了巨大的开窗，皇冠式檐口上面高大的三角形山墙直插天空，山墙上有阁楼开窗以及出挑的悬挂梁。除此之外，还增加了巴洛克式的涡旋形状以及花彩装饰，更具阿姆斯特丹风格特色的装饰是在红砖阁楼屋顶窗两侧伫立着一对白海豚，弯曲的海豚尾巴正好庄重地承托住屋顶窗。

在代尔夫特，房屋进深狭长。但是在阿姆斯特丹任何事物都是处于更大的尺度范围内。因为在狭窄的三角形山墙住宅内难以布居，所以很少采用对称方式排布房间。相反，采取了更为实用与随意的开窗方式，赋予大小房间室内多种明暗变化。通常大房间会临街，开有大片的窗户，大房间后面是狭小的、光线昏暗的小房间，唯一的一扇窗户开向幽深的天井小庭院。再往后是一间空气流通的明亮房间，可通往屋后整洁的、田园风情的后花园。如同一幅彼得·德·霍赫的画作一样，反映了对房间的瞬间一瞥，而这是能够激发起期待已久喜悦的一瞥。在阿姆斯特丹的很多地方都能诱发这类期待。你能够顺着漫长、笔直的运河街道一直看到远端弧形的桥梁，那里是通向另一条改变流向的新支流的入口，支流流向仍保留着原有风格、历久弥新的美丽城区腹地。

荷兰人的贡献

阿贝尔·安托尼·库克 (Abel Antoon Kok, 1881—1951, 荷兰建筑师) 撰写了《希姆舒特丛书》(*Heemschutserie*)，用插图精彩地描画了阿姆斯特丹，其中包括《阿姆斯特丹家园》(*Amsterdamsche Woonhuizen*)、《美丽的阿姆斯特丹史》(*De historische Schoonheid van Amsterdam*)。

93

1693 年，从公园眺望夏洛特堡；临摹雅各布·康宁（Jacob Coning，1648—1724，荷兰画家）的素描。

哥本哈根的夏洛特堡

CHARLOTTENBORG IN COPENHAGEN

荷兰的城市文化，伴随着贸易的发展，传播到了英国、丹麦及瑞典诸国。当这些国家的年轻人到处游历时，荷兰之旅肯定列于他们的行程之内。游人会吃惊地发现住在狭窄的、带三角形山墙房屋里的荷兰商人比那些居住在宫室宅邸中的贵族过着更为富裕而且舒适的生活。17 世纪末、18 世纪初，英国建筑深受荷兰风格的影响。不仅建筑材料和建筑细部是地道的荷兰货，在处理房屋与街道的配置关系上也打上了浓厚的荷兰烙印。在伦敦，每栋房屋门前都会有一片区域类似于荷兰的门廊，有下达一楼的楼梯。但是在英国也还有小型的、下沉式庭院，通向厨房所在的地下室。当然，在荷兰不可能修建地下室，因为地下水位过高。

在斯德哥尔摩，富有的贵族引进了荷兰的建筑传统。在那里，贵族的神经中枢——上议院（Riddarhuset）的首批规划方案是由法国建筑师制订的。但是当上议院开始施建时，一位来自阿姆斯特丹的著名荷兰建筑师朱思特斯·温本斯（Justus Vingboons，1620—1698）

承担了这项工程，上议院的外形是一座红砖构筑、搭配高耸壁柱的大厦。工程竣工后，温本斯返回阿姆斯特丹，他为路易斯·特里普（Louis Trip）和亨德里克·特里普（Hendrick Trip）两兄弟设计了一座名为"特里普之家"（Trippenhuis）的双拼式房屋，它与斯德哥尔摩的上议院设计形式相似，但是更加奢华。

温本斯的哥哥菲利普（Phillipe Vingboons，1607—1678）负责设计了阿姆斯特丹的多座房屋，通过遗留的建筑版画便可知他的作品已远近闻名。这些房屋多为适宜荷兰环境、属于巴洛克风格鼎盛时期的宽敞城镇住宅。他最大的项目规划是阿姆斯特丹的新市政厅，然而却未能得以实施（相反选中了雅各布·范·坎彭（Jacob van Campen，1596—1657，荷兰建筑师）设计的容纳了巨大壁柱和圆柱的石制大楼，整座建筑像是两座建筑上下叠加而成）。

但是这项未能实现的项目却具有非同小可的重要价值，它成为了 1660 年丹麦国王实行君主专制后修建的首座皇家宫室的范本。那时的哥本哈根只是一座小城，城中还是中世纪遗留下来的蜿蜒曲折的狭窄小巷。但是城市规划已经准备将城市面积拓展一倍，扩建了城防堡垒，并为新建的城区遴选了网格式街道布局体系。国王将大部分有争议的土地都收归王室，迫切希

哥本哈根的夏洛特堡

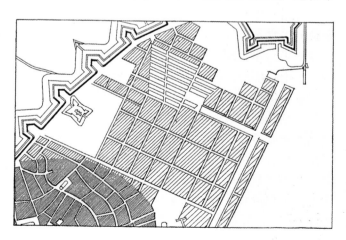

根据大约 1660 年新哥本哈根的项目规划绘制，比例：大约为 1:20000。图中上端为北。深色阴影部分是老城区。左侧是城墙旁边的罗森堡（Rosenborg Castle），再向东北是新公寓（Nyboder），那些是克里斯蒂安四世（Christian IV，1577—1648）为海军军人家庭修建的小住宅。

哥本哈根的夏洛特堡

望将新区建成供皇室居住的城区。老城东门外规划了一大片区域——国王新广场（Kongens Nytorv），将新、旧城区连接起来。广场中央是装扮成罗马皇帝的国王骑马雕像，雕像背后是国王赐给私生子挪威总督、绰号"金狮子"的乌尔里克·弗雷德里克（Ulrik Frederik Gyldenløve，1638—1704，丹麦政治家、骁将）的大豪宅。

这座建筑很值得研究，它体现了一座将当时多种建筑风格集于一身的建筑。从它身上，我们可以看到罗马元老院（the Senator's Palace）、巴黎卢森堡宫和阿姆斯特丹菲利普·温本斯设计的市政厅等多座建筑的踪影。同时，它也连接起新旧两个时代。在旧时，皇室贵胄居住在戒备森严的堡垒中；而在君主专制时代，政要们只有生活在宽敞明亮的舒适现代住宅中才会感到安全。

"金狮子"乌尔里克·弗雷德里克是那个时代的代表人物。他获得了当时最好的教育，10岁时被送到巴黎，由家庭教师专门管教，1654年进入锡耶纳大学（the University of Siena）。19岁时被任命为丹麦军队上校。他是个同性恋者，勇敢、睿智、博学、有教养、精力充沛、胸怀大志，他还是击剑高手、典型的纨绔公子哥。

他与同父异母的弟弟、比他小7岁的丹麦皇太子，1661年曾同游荷兰、比利时、法国和马德里。乌尔里克·弗雷德里克是美食家，又是品酒大师，食量和酒量都超乎常人，他在法国宫廷中尽情玩乐。那时路易十四尚未兴建他的宫殿，乌尔里克也还没有谋划他的宫室，所以在开工修建时会受到多种建筑风格的影响。

夏洛特堡，1672年奠基，最初没有作为堡垒加以设计，但仍修建有四座塔楼，塔楼上的火力可以有效控制城堡立面，甚至覆盖到大门。在为铺设夏洛特堡奠基石发行的纪念章上刻有夏洛特堡和它的圆顶塔楼形象，那是最初的原始方案。但是在竣工前，夏洛特堡这座最初设计有角楼的堡垒已经改造成与位于罗马卡皮托林山上的元老宫（the Palace of the Senators，参

大约1672年为铺设夏洛特堡奠基石发行的纪念章。

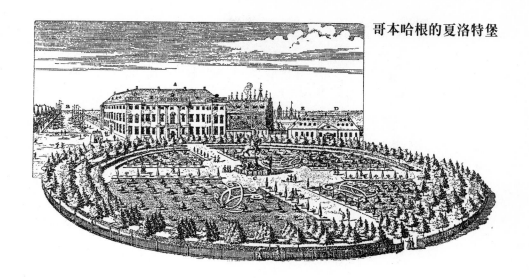

哥本哈根的夏洛特堡

见第 42 页）相同的方形建筑与突出的壁柱。夏洛特堡与罗马宫殿建筑另一相似之处在于：两者都是在开敞场地上竖立有骑马雕像的背景建筑，而且骑御者都是罗马皇帝的装束。古罗马的卡皮托林山与国王新广场有许多不同之处，正如罗马与哥本哈根迥然不同是一样的。罗马的广场受地形限制，充分利用不断从逐渐升高的水平地面获得的效果。而在哥本哈根，广场是一片开阔的花园，宫殿和雕像发挥了更大的影响效果。与荷兰的景象一样，同国王新广场平行有一条长长的新港运河（Nyhavn），更加映衬突出了平坦的景观，港口中的船只经过这条运河顺利驶入城内。从雕像处开始，一条水平的长轴线穿过入口、庭院、大门，直达远处的荷兰式花园。我们可以想见，当时看惯了老城区狭窄陋巷和两旁拥挤房屋的丹麦人一旦见到宏伟宽阔的宫殿建筑和一览无余的景象时会有怎样惊叹的表情。

　　这座宫殿的内部也比罗马宫殿更为舒适。但是它的主人——尊贵的"金狮子"乌尔里克·弗雷德里克在他人生最辉煌的时候依然缺乏很多今天我们普通人所

夏洛特堡与国王新广场，广场上是克里斯蒂安五世（Christian V, 1646—1699）的骑马雕像。克里斯托夫·马沙里斯（Christoph Marselis, 17世纪70年代—1731，波兰建筑师）绘制的版画记录的景观细部。

哥本哈根的夏洛特堡

18 世纪以前的法国卧室，临摹丹尼尔·马洛特（Daniel Marot, 1661—1752，法国建筑师、家具设计师）的绘画。

享有的便捷条件。夏洛特堡的大窗户是一项革命性的设计。房间既宽敞又明亮，但冬季仅仅依靠壁炉取暖，寒气袭人。唯一能令人感到温暖的地方就是床榻，所以和所有阿尔卑斯山以北的住宅一样，夏洛特堡的寝宫自然最为重要。时尚的大窗户越多，达官显贵冬季就更加倍感寒冷难熬。1695 年，奥尔良公爵（Duke of Orleans）曾记载道：凡尔赛宫中实在过于冰冷，以至于国王餐桌上玻璃杯中的酒和水冻成了冰块。塞维涅夫人（Madame de Sevigné，1626—1696，法国作家）在一封信中抱怨墨水瓶里的墨水都冻结了。法国的状况都如此之糟，就更不要说北方国家了。夏洛特堡宏伟的大厅冬季冷得像是冰窖。只有在低垂的床幔背后才能抵御严寒的侵袭。因此床榻成为了屋内的又一间小室；王子就寝的床榻是一处神圣的地方。专制统治者越是被奉为神圣，他的床榻就越是神圣不容冒犯。能够靠近新国王的床榻，站在床边扶手旁既是一项巨大的荣誉，同时也是一项仪式，就像是教堂中的祭坛一般。丹麦国王弗雷德里克三世（Frederik Ⅲ，1609—1670）的床四周安装了镀金的扶手，其他皇室成员的床使用镀银扶手。

"金狮子"乌尔里克·弗雷德里克宫殿主体建筑中

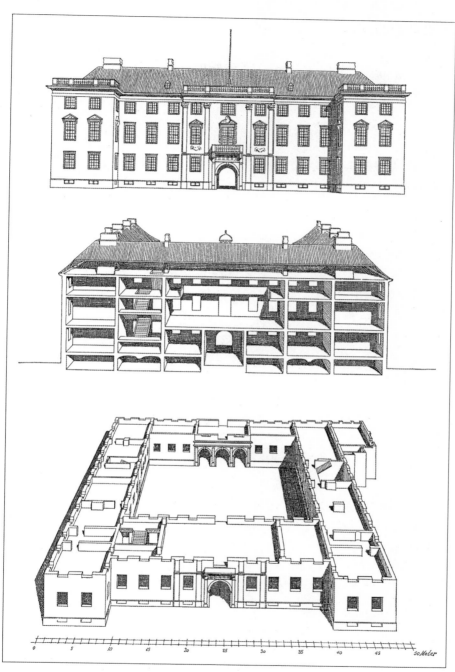

夏洛特堡，立面，比例尺：大约 1:500。

哥本哈根的夏洛特堡

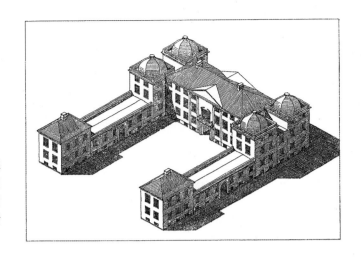

插图反映了夏洛特堡奠基时的原始规划——带有四座方形角楼的主楼以及稍矮一些的侧楼，在侧楼端部是两座楼阁。

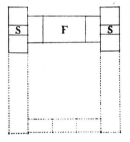

夏洛特堡，平面图。比例尺：1:2000。

在英国诺福克，威廉·肯特（William Kent，1685—1748，英国建筑师）为罗伯特·沃波尔爵士（Sir Robert Walpole，1676—1745，英国政治家）设计的霍顿庄园（Houghton Hall），细部设计为帕拉迪奥式风格，其外观是与法国以及瑞典建筑相同的四座圆顶角楼。

的房间围绕中心的大宴会厅（F）对称布置；两侧分别是弗雷德里克和妻子的卧室（S），卧室两边有两间方方正正的大房间，每间面积达 24 平方英尺。在"金狮子"的卧室有一个非常大的灰泥屋顶，雕梁画栋，床上方的屋顶画着一只展翅的巨鹰。古画作和奠基石上的浮雕反映了这座宫殿建筑原来两端修建着带拱顶的角楼而不是平顶的房间，说明原始的规划没有将建筑作为一个整体。在目前的建筑中很难实现这种圆形屋顶，原始设计肯定是完全不同的。通过将夏洛特堡与瑞典或者法国那些在主体建筑四角建有塔楼或角楼的宫殿建筑进行比较，我们可以获得一些设计线索。在埃里克·达尔伯格（Erik Dahlbergh，1625—1703，瑞典工程师）撰写的《古今瑞典》（*Suecia Antiqua et Hodierna*）一书中，记载了带四个圆顶角楼的斯德哥尔摩老市政厅——农夫宫（the Bonde palace）。今天的农夫宫，滨水一侧是两座圆顶的角楼，与丹麦宫殿中古画所描绘的形式一模一样。玛丽·德·梅迪奇的卢森堡宫也是同样的类型。当时宏大的宫殿都是由一系列的独立单元构成的，而不是处于同一屋顶下的整体。"金狮子"乌尔里克·弗雷德里克非常熟悉卢森堡宫（参见第 62 页）以及其他同种类型的法国宫殿。他在哥本

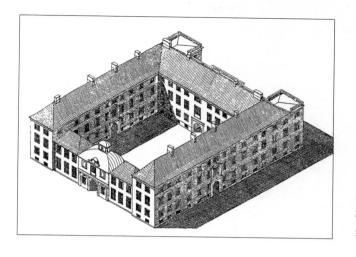

哥本哈根的夏洛特堡

今天的夏洛特堡，三面是相同高度的建筑，再一面是三座两层高的楼阁。

哈根的宅邸最初在四周就规划着圆顶角楼，围合起住宅内部的方形房间，宫殿建筑的墙体厚度反映出两侧房间最初的高度比现在要低，尽端是比较高的塔楼式结构。宫殿在建造过程中调整设计方案是常有的事，很明显原有的房间数量太少，已不堪庞大家庭的使用。乌尔里克·弗雷德里克有秘书、邮差、账房、管家、厨师、仆人和女佣。为了能够容纳如此庞大的人员队伍，将周围三面建筑的高度都提升到主楼的高度，并用屋顶加以覆盖。奇怪的是，只有最后修建的第四组建筑才是独立式建筑，带有拱形大厅以及四坡屋顶。

夏洛特堡具有多种风格渊源。整体外观是意大利式的，房间配置是法国式的，材质效果是荷兰式的。墙体是用小块的深色砖块砌成的，与浅色的屋檐和窗框形成了鲜明对比。玻璃窗与墙体齐平，极富荷兰特色。事实上，乌尔里克·弗雷德里克与其祖父克里斯蒂安四世一样雇用了荷兰工匠建造宫殿。

但在夏洛特堡，哥本哈根人看到了大大小小的房间组合在一起，第一次实现了巴洛克式建筑的理想。中央入口上方的宴会大厅有两层高，立面上是高大的壁柱。巨大的柱距与不同大小的窗户不仅为建筑立面增添了魅力，而且清晰揭示了后面房间规律性的变化

哥本哈根的夏洛特堡

——一层的房间高度并不高，二层房间的高度最高，顶层的高度最矮。在平面上，房间以相同的规律变化：中央的最高、最宽敞，两侧房间比较小——比例变化规律非常协调，透过诸多门窗看到的各种远景构成一个不可分割的整体。

夏洛特堡成为了哥本哈根新城区建筑的原型。它不仅具有荷兰风格特色，而且还复制了其他地区的建筑细部。带有突出壁柱的建筑不再用于沿街的城市住宅。高大的中间层（类似于意大利建筑中的主楼层（piano nobile））、低矮的一层和更加低矮的顶层（设置有佣人房）——此类建筑构图成为 18 世纪丹麦首都上流阶层住宅的典型形式。这种布局风格根深蒂固，以至于建筑风格虽历经了巴洛克、洛可可和古典主义的演变却并没有改变这种平面布局。中央大厅与中央阳台的设计作为风格特点也保持下来。阿美琳堡宫（Amalienborg palaces，参见第131页）是夏洛特堡构图的升级版。壁柱只是略微突出，但是房间的进一步细分模式保留了下来。

双城记 A TALE OF TWO CITIES

巴黎和伦敦代表了两种不同类型的城市。巴黎是密集型的城市，每一幢房屋里都居住了好几户人家。伦敦是分散型的城市，以独户住宅为主，距离分散。人们自然地认为：随着城市的发展，日益需要人们聚集生活在一起。然而，作为世界第二大城市的伦敦情况正好相反。总体来说，英国（但不包括苏格兰，它属于大陆型的）和美国的城市都属于分散型的。欧洲大陆上的多数城市（尽管不是全部）是属于密集型的。出现这种现象的原因很多。这里我们利用有限的篇幅阐释一些现象，有助于厘清巴黎和伦敦两种类型的城市。

在一定程度上，英国城市的发展需要归功于其远离欧洲大陆得天独厚的海岛位置，非常便于防御。从1066年起，英国从未遭受过外敌入侵。因此，英国不必像欧洲大陆那样在城镇周围修建严密的防御工事。

像巴黎这样的城市以膨胀的环形一步步逐渐拓展，城市的防御工事也是在不断向外延伸。在中世纪，1180年，有一道围墙环绕着塞纳河中的西堤岛（the Isle de la Cité），在塞纳河的左右两岸也各建有小段的城墙。1370年，在塞纳河右岸修建起新围墙扩大了城区面积。下一步的城区拓展不是为了满足人口拥挤的城市需求，而是超越城区范围，为规划的一座大型皇家公园划定新边界。城区范围向西北方向推进以防护杜伊勒里花园（the Tuileries gardens）。随后，在18世纪和19世纪城市两度修筑城墙。那时，封闭的形态仍被认为是城市绝对必要的防御条件。开发禁令不能阻止城市的发展，唯一的后果是导致每栋房屋人满为患。

伦敦的发展道路却是大相径庭。早期的伦敦只是局限于罗马人修建的城墙范围内，面积非常小。那时的伦敦比中世纪的科隆和巴黎都要小。没有必要修筑防御工事。伦敦老城郊区内的村庄都成为了孕育新城

双城记

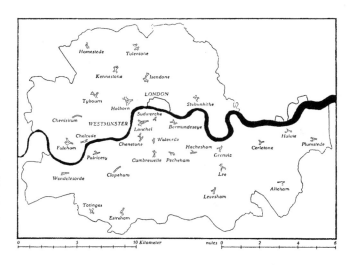

《末日审判书》中提及的在1080年左右伦敦附近的村庄分布图。每座村庄意指着每个路口附近的几座房屋。

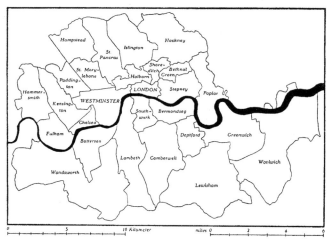

构成今天伦敦城的城镇。每座城镇的核心都是一处古村落，名称均可以追溯至《末日审判书》。

镇的核心。这些城镇共同构成了城镇群，并逐渐成长为一个整体——而现在又在规划将它们再次分离开来。后来采用这些村庄的名称命名"伦敦"社区的区名，《末日审判书》（the Domesday Book）中记载了部分村庄的名字。伦敦不是一座城市的名称，而是一批城镇的集合。在伦敦城内，两座城镇仅仅由一条街道为界分割。当人们从一座城镇进入另一座城镇，发现两地

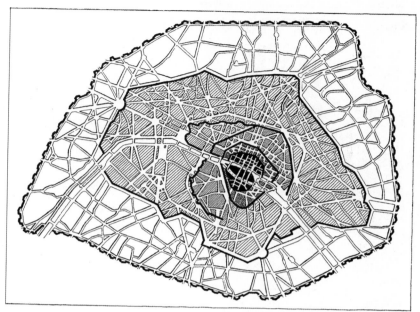

巴黎的发展。比例尺：大约 1:100000。图中上端为北。中央核心区是中世纪早期的城区，周围黑线是大约 1180 年、1370 年、1676 年、1784—1791 年以及 1841—1845 年时的城区范围。

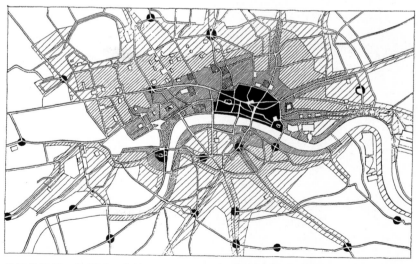

伦敦的发展。比例尺：大约 1:100000。图中上端为北。黑色区域是中世纪早期的住区。网状线区域是中世纪时的拓建（包含坐落于威斯敏斯特和伦敦的修道院和教堂），单线条区域是大约 1660 年、1790 年及 1830 年时的伦敦。

双城记

从巴黎蒂雷纳大街（Rue de Turenne）一栋住宅向对面孚日广场上的房屋眺望，建筑完全是哥特式的风格，高耸笔直的线条、高高的屋顶窗和倾斜的屋顶。

迥然不同。居民们的方言不同，政治观点不一样，政府管理机构和税制也不同，甚至连在星期天是否允许儿童们在公园里玩跷跷板或秋千都有不同的看法。每座城镇都有政府机构，职权范围有时都几近可笑。伦敦城内有两座主要的城市——伦敦市（the City of London），是商业中心；威斯敏斯特市（the City of Westminster），是政治中心。这两座城市的关系在英国历史上发挥了举足轻重的作用。英王（和政府）没有居住在伦敦市。每当国王造访伦敦市时，他会受到外国君主访问时的尊贵礼遇。伦敦市长会在城门口恭迎圣驾，并举行盛大的欢迎仪式，将城门钥匙呈交给国王，其实城门早已不复存在。

法国国王亨利四世（Henri IV, 1553—1610）是一位大开发商，他修建了皇家广场（the Place Royale），现更名为"孚日广场"（the Place des Vosges），体现了一种崭新的、具有划时代意义的构想。时间是在17世纪早期（亨利四世于1610年去世）。与此同时，在伦敦市与威斯敏斯特市之间有一大块尚未开发的区域，那里早先建有一座修道院。宗教改革后，亨利八世（Henry VIII, 1491—1547）将这片没收的土地赐予一位对皇室功勋卓著的贵族。1630年左右，科芬特花园（the Covent Garden）区域的开发时机成熟了，第四代贝德福德伯爵（the fourth Earl of Bedford）决定利用这片土地兴建大型建筑。他希望能够像法国国王一样实现他的建筑构想。这将是一座纪念性的广场，中轴线上是一座教堂。伯爵聘用了国内一流的建筑师伊尼戈·琼斯（Inigo Jones, 1573—1652）设计教堂与建筑立面，规划环绕广场的拱廊。立面后面房屋内部的设计则交由租房户负责。这个项目更具古典风格，与孚日广场不同，更像是风情万种的意大利广场。教堂比周围的建筑稍矮一些，而外观却显得很宏伟，缘于教堂大面积的细部设计和宏大的柱廊，但这座纪念性质的广场却未能持续太长时间。当孚日广场成为比赛运动场地

双城记

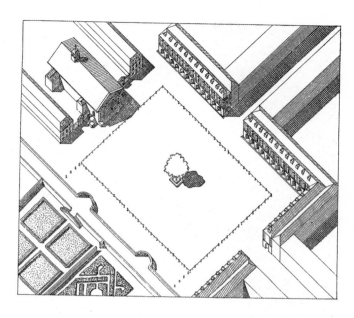

伦敦科芬特花园最初的形式。图中左侧是贝德福德伯爵的花园，面朝广场是圣·保罗教堂（St. Paul's Church）。这座广场属于古典风格的广场，修建有拱廊，在教堂的柱廊之间是公共集会场所。

的时候，科芬特花园则改为了菜市场，为贝德福德家族赚了个盆满钵盈。在巴黎，宫廷把广场据为己有；在伦敦，广场的性质是商业活动——这就是两座城市之间差别的准确表达。

科芬特花园的拱廊汲取了古代市场拱廊的精髓，而且这里也成为人们散步聚集，聊天讨论时事之所。这座拱廊是伦敦一处重要的场所，通向几家著名的咖啡馆和科芬特花园剧院，在英国艺术和文学发展上留下了浓墨重彩的几笔。

巴黎的孚日广场和伦敦的科芬特花园这两处项目有很多相同点。但是随着时间的推移，两座城市的发展愈加分化。巴黎越来越演变成一座消费型城市，积累了巨额财富，占有大片庄园地产的贵族聚集到巴黎来挥霍。虽然颁布了法令禁止在尚未开发空地上的营建行为，但政府鼓励建造粉饰专制王权的建筑。因此，如果想要在空地上施建项目，规划必须包括一座竖立有雕像的纪念性广场，从而就不会再禁止建设了，甚至还可以从政府获得项目资助。这一伎俩竟成为很多

双城记

巴黎旺多姆广场。1731 年
的广场剖面图，援引自米
歇尔—艾蒂安·杜尔哥
(Michel-Étienne Turgot,
1690 — 1751，在 1729 —
1740 年间曾担任巴黎市
长）1734 年主持编绘的
《巴黎地图》（*Plan de
Turgot*，地图完整描绘了
巴黎所有的街道和建筑
物）。广场中央是路易十
四的骑马雕像，四周是宏
伟规整的立面建筑（参见
第 114 页）。广场上的立面
建筑与后面的建筑和庭院
并不连通。

落魄贵族摆脱困境的手段，旺多姆公爵（Duke de
Vendôme）就是一例。1677 年公爵的债权人们聚集在
一起商讨是否可以从公爵的庞大资产中获得部分补偿。
建筑师儒勒·阿杜安·芒萨尔（Jules Hardouin Mansart,
1646 — 1708）为竖立有雕像的纪念性广场规划了一座
宏伟的建筑。事实证明：这是一桩漫长而又烦恼的工
程，项目规划屡次变更。1699 年弗朗索瓦·杰拉尔东
（François Girardon, 1628 — 1715，法国雕塑家）制作
的路易十四骑马雕像矗立起来。那时掌握项目所有权
的市政当局按照最终敲定的规划实施建设。1701 年广
场上的建筑立面完工，此时才开始销售商铺。广场的
建筑立面与后面的房屋并不相连。另一方面，为了使
人们能够从远处看到雕像，精心设计房屋高度，使其
低于 17 米高的雕像。

1731 年的巴黎胜利广场，援引自《巴黎地图》。环形的广场与多条放射状的笔直街道相交汇，交汇处设置雕像。

斐拉德公爵（the Duke de la Feuillade）也获得了建设大型建筑项目的许可权，修建一座环形广场，中央是路易十四雕像。这座名为"胜利广场"（Place des Victoires）的广场于 1697 年规划，范围超出了老城区。在 16 世纪修建了主教宫和杜伊勒里宫（参见第 63 页）后，城区范围向外进一步拓展。胜利广场上的路易十四雕像不再是骑马姿态，而是头戴标志胜利的月桂叶编织王冠的国王站姿像。这座雕像已不复存在，像其他皇室纪念物的命运一样在法国大革命当中被夷为平地。

18 世纪巴黎的地图反映了其他一些城市特点。尽管护城堡垒工事已不再重要，但城区的边界继续保留。标志性特征就是林荫大道（the Grands Boulevards），林荫道（boulevard）是日耳曼语"堡垒"（bulwark）一词的变形，原意栅栏，是在运用围墙和堡垒之前的一种中世纪防御工事形式。林荫道原本是一条防御工事，但后来被转化为两侧遍植树木的宽阔街道，依然沿用了"林荫大道"的称谓。再后来，到了拿破仑三世统治时期，那些穿越了旧城区、路边种植树木的、宽阔

双城记

放射状大街也被冠以"林荫大道"的名称。今天，这个词就是简单意指两旁栽有树木的大马路。然而，在17世纪林荫大道是城区的界限，在大道以外的未开发区建造房屋是非常危险的，后果自然是城内的人口变得越来越密集了。

伦敦没有营建禁令，城市范围已经超越了罗马人修建的早期城墙，城乡界限模糊。城区一直向西发展，伦敦市与威斯敏斯特市完全合并。在新城区中，有许多开放空地，主要有两类。部分是旧时的乡村绿地或空地，历史上这些土地用作居民的运动场、休息场及射箭场。在英国，每种传统和习俗都具有重要的社会价值，而法律从未纳入人们的逻辑体系，仅仅是取自日常生活的规则与法规。多有记载居民武装对抗建筑商，抵制开发传统游戏运动场地的事例。有时还会演变成激烈的械斗，造成人员伤亡。每一次都是土地保卫者取得了胜利，并且赢得了政府的支持。直到今天，伦敦城还遍布绿地和公用土地，夏季每个周六年轻人像他们旧时的祖辈一样聚在这里玩板球。在市中心区，保留下来的空地用于运动场、露天音乐演奏场、公共网球场和其他类型的休闲场地。

另一类型的开放空地是在大型建筑规划中保存下来的。伦敦第一座真正的广场——科芬特花园获得了极大的成功，追随者纷至沓来。伦敦城的西部有大量的庄园地产和乡村别墅。随着城市的逐渐逼近，庄园土地被辟为了建筑基地。但是地产主希望将老房产尽量长期保留，并在周围保留充足的开放空间。他们特别青睐朝北的方向，可以远眺点缀着汉普斯特德村（Hampstead）和海格特村（Highgate）两座山村的美丽紫色山丘。因此，在房前规划一个大广场，从而将广场的南侧封闭起来；东、西两侧修建新建筑，北侧则保持开敞。后来，随着地区的发展，北侧也大兴土木，一座新广场应运而生了。

巴黎的开放空地与伦敦的一样充满情趣，只不过

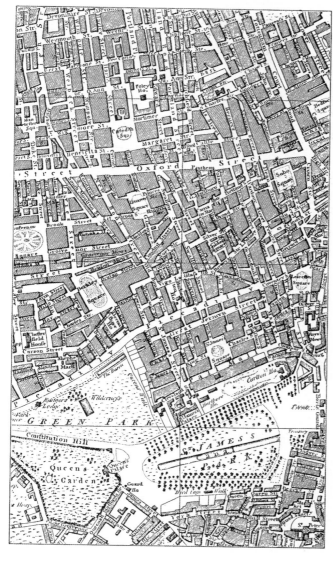

← 大约在1774年规划的波特兰街（Portland Place），由于街道宽度仅100英尺，从弗利大厦（Foley House）向北看不到街景。

← 大约1775年的贝德福德广场（Bedford Square）。

← 1681年的苏豪广场（Soho Square）。

← 1717年的汉诺威广场（Hanover Square）。

← 1695年的格罗夫纳广场（Grosvenor Square）。

← 1635年为莱斯特大厦（Leicester House）规划的莱斯特广场（Leicester Square）。

← 1698年的伯克利广场（Berkley Square）。

← 1684年的圣·詹姆斯广场（St. James Square）。

1804年的伦敦地图局部，按照1:20000比例尺复制。图中上端为北。地图反映了伦敦在17、18世纪时规划的大量广场。

是属于别样的风格，许多广场上坐落着皇帝的塑像，雅号"路易大帝"（Louis le Grand）的路易十四以及人称"被热爱者"（le bien aimé）的路易十五（Louis XV，1710—1774）都有各自的纪念广场。兴修这些广场不仅是为了歌颂专制王朝，而且用来美化城市，消除贫

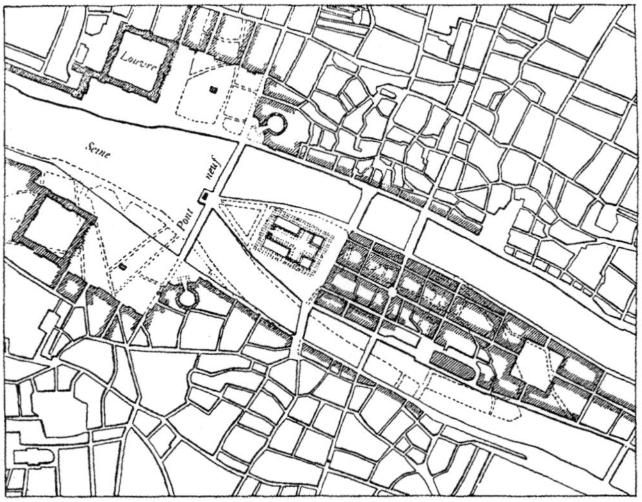

双城记

巴黎路易十五纪念广场项目中部分未被采纳的辟建广场方案。其中之一是在卢浮宫前面修建一座大型广场，中置方尖碑；在河对岸对称建起一座新卢浮宫和新广场。同时，对西堤岛上除巴黎圣母院以外的其他区域整体进行规划与重建。比例尺：1:20000。图中上端为北。

1765 年出版的由彼埃尔·帕特编写的《法国为了纪念路易十五大帝树立的纪念建筑》（*Monuments érigés en France à la Gloire de Louis XV*）。

第 167 页的插图便是这座广场。

112

民区。密集拥挤的旧城区像恶习一般令人生厌。

1748 年，为了设计一处路易十五的纪念广场举行了一场大型设计竞赛。很多设计方案用大型版画的形式复制下来，并于 1765 年出版。但这些方案规划早已经报章刊载，在欧洲广为研究与传播，甚至远抵丹麦。这部权威著作的编者彼埃尔·帕特（Pierre Patte，1723—1814，法国建筑师）将所有有关城市建设的建议全都标注在一幅地图上，巴黎俨然就是充斥皇家广场的城市。当然这些建议并非逐条都合适。一位参赛者提交了在塞纳河左岸修建与右岸相同的新卢浮宫规划，这样是为了与河两岸的特质保持一致，西堤岛的西端完全成为了纪念性的广场。有些人建议拆除大量房屋兴建环形、四边形或八边形的广场。还有方案建议：修建完整的广场体系、三座庞大的集市广场，并以拱廊相连。但是这许多方案都没有谈及消除老城区的贫民区。相反，杜伊勒里宫前面的空地用作兴建广场的基地，广场一边以塞纳河为界，另有两边是成排的树木，再有一侧是新建的纪念性建筑。广场中央是巨大的路易十五骑马塑像，现在已不复存在，取而代之的是一

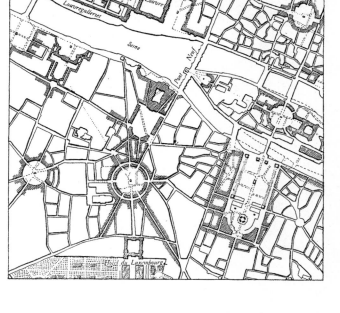

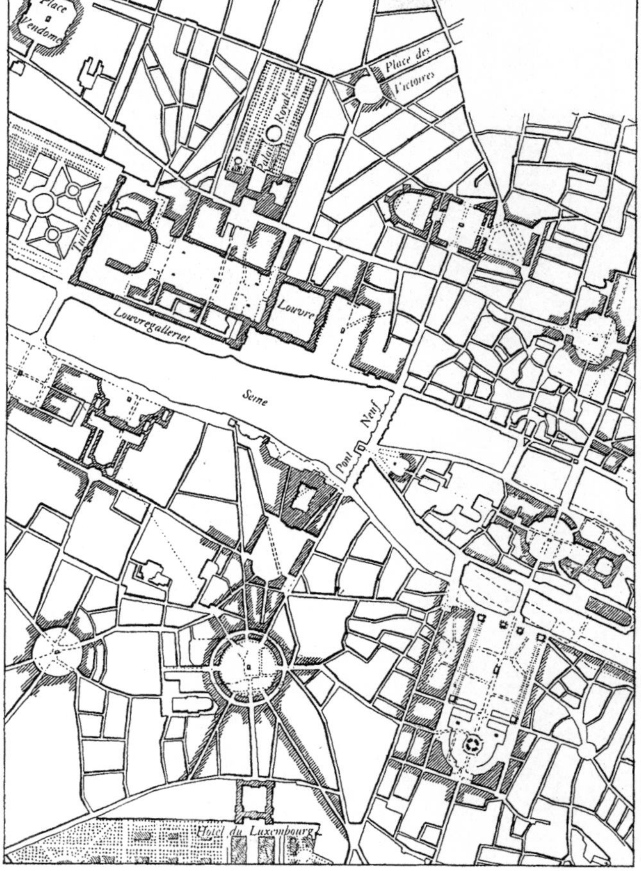

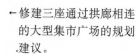

←修建三座通过拱廊相连
  的大型集市广场的规划
  .建议。

巴黎路易十五纪念广场项
目规划。1748 年竞赛中未
能实现的设计作品于
1765 年出版。图中上端是
旺多姆广场和胜利广场。
比例尺：1:20000。图中上
端为北。

座大方尖碑。

　　18 世纪伦敦范围继续扩大，围绕开放的广场增加
了新的住宅区。那些大地产主不再出售地产，而仅仅
是长期出租。这是中世纪以来的一种传统，属于有利
于农业的举措。现在随着土地不断城市化，却仍沿用
旧法。地产主想要实现土地的增值需要很长一段时间，
因为土地的租期可能长达 99 年。但是，地产主可能还
是愿意等待。伦敦是一座商业城市，拥有丰富的开发
资源，只要建筑投资有利可图，开发商满脑子都是房
产的增值，根本不会考虑地产价格的上涨。因为房产

113

双城记

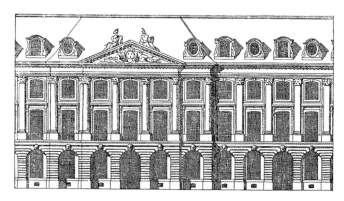

巴黎旺多姆广场立面局部。比例尺：1:500。

与地产是根本不相同的两件事。投资者将资金注入房产企业，当房屋竣工、售出后获得赢利。投资者是以钱生钱，他们对仅能按照土地价格销售的房产项目毫无兴趣，只热衷投资于有吸引力的住宅项目。面朝广场的住宅最受青睐，于是自然而然就规划出了广场。当某一区块不再时尚，居民就会搬迁，修建起新式住宅、大范围开敞空间和花园的新区呼之欲出。

　　欧洲大陆城市中的纪念性广场与伦敦的广场截然不同。纪念性广场是恢弘的巴洛克风格，广场上的房屋立面极端重要，而立面背后的房屋却无关紧要。在提及的旺多姆广场上，广场周围每一块建筑基地上的房屋立面与其后的庭院和房屋毫不关联（参见第108页）。巴洛克式的广场引人入胜，入口、走道和建筑制高点构成了极其迷人的景观。这类景象在伦敦是没有的，伦敦广场上四周的外观都一个样。中央是一处篱笆围起来的花园，周围家庭都有钥匙，可随时进入园中观赏。园中随意栽植，树木自然生长茂盛，品种多为法国梧桐。在这里，建筑风格既非巴洛克式，亦非洛可可式，房屋非常简单，清一色的砖砌建筑，立面简洁到仅剩窗户开洞。供暖是通过壁炉中的煤火，整座城市都弥漫着一层煤灰。房屋也被熏成了黑色。只有两种方法可稍加补救，一种是在砖墙外面以灰泥覆

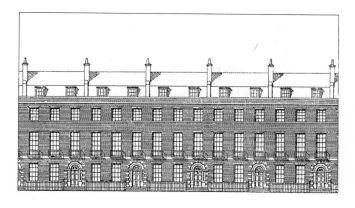

双城记

伦敦贝德福德广场立面。
比例尺：1:500。

盖，外涂油漆，每年粉刷一次，或是在需要时加以粉刷；另一种是从一开始就将房子漆成黑色，将砖缝勾为白线，窗框也漆成非常浅的颜色，从而减少阴暗陈旧的感觉。伦敦的很多房屋都采用这种涂装方法，这也成为伦敦建筑的一个显著特色。

每一块基地上，只修建供一家人居住的一栋房屋，也可能是一个大家族，包含众多的家庭成员和佣人。在巴黎，通常几户人家会合住一栋房屋。在大门口会设置具有巴黎特点的门房（le concierge），出入都要经过看门人。他通晓这套房屋小天地里的每位住户，代为接收邮件和留言。

在苏格兰作家托马斯·卡莱尔（Thomas Carlyle，1795—1881）的影响下，查尔斯·狄更斯（Charles Dickens，1812—1870，英国作家）1859 年出版了一部迥异于其他作品的小说。该书没有描绘当时的社会生活，而是一部历史小说，名为《双城记》（*A Tale of Two Cities*）。这本书不是一部记录性文献，因此关于专制统治下的巴黎和自由氛围中伦敦的描述肯定有夸大之嫌。凭借着非凡的想象力，他构想了两座令人难忘的城市。巴黎建筑的特征——出租屋里狭窄粗陋的楼梯、又高又脏的天井里密布着大大小小的窗口——巴黎被压缩于封闭的城区范围之内，只能向上垂直发展。

双城记

小说中，人品高尚的梅尼特医生（Dr. Manette）不幸被判处了终身监禁，关押在巴士底狱长达 18 年之久，被神秘释放后就是住在阴暗曲折的楼梯顶层的破屋子里。后来，他被朋友带到了伦敦，从书中我看到他坐在苏豪区（Soho）一处花园的梧桐树下，这一带有很多美丽的广场，外来的移民在这里找到了庇护之所。这便是伦敦的空地，在绿树与黑色的房屋之间弥漫着和谐的气息。

巴黎与伦敦各自鲜明的特点。

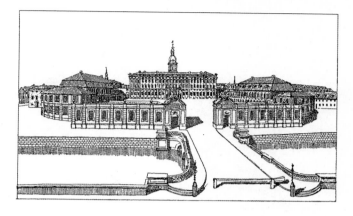

从大理石桥（the Marble Bridge）上眺望由伊利亚斯·大卫·豪塞尔（Elias David Häusser, 1687—1745，德国—丹麦建筑师）建造的克里斯蒂安堡，1733 年克里斯蒂安六世下令工程开工。

丹麦的插曲 DANISH INTERMEZZO

凡尔赛宫的布局规划模式——在小城中修建巨大的宫殿，成为了欧洲宫廷首都的范本。甚至连最小的德意志都修建起庄严的巴洛克式城堡。在日后的文字解释中，大兴土木是专制君主意欲展现荣光与地位的手段。当时的确有很多国王、公爵和主教们热衷于此类恢弘的炫耀，但当中也不乏有识之士反对穷奢极侈，感到使生活符合理想才是他们的责任。若要展现大国地位，唯一的途径就是修建起足以体现国家实力与文化的宏伟宫殿。凡尔赛宫及后花园的修建成本折合成现在的币值不会超过一艘现代化的战舰，但又有谁会否认凡尔赛宫对法国的价值绝对超过了任何一艘无畏舰。

在丹麦，我们发现了 18 世纪修建皇宫的实例。丹麦—挪威国王、兼石勒苏益格—荷尔斯泰因伯爵（Duke of Slesvig-Holstein）克里斯蒂安六世（Christian VI，1699—1746）是一个非常谦逊，甚至是有些害羞的人，可以说他是最忠于职守的国家公务员，他将全部时间都投入到服务国家与崇敬上帝。他认为他的一项职责就是去修建能为君主专制增添荣耀的宫殿。尽

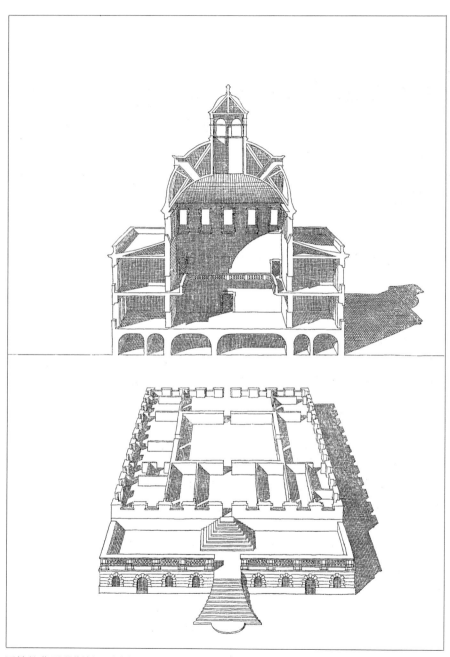

原始的弗雷登斯堡，比例尺：1:500 的剖面图。

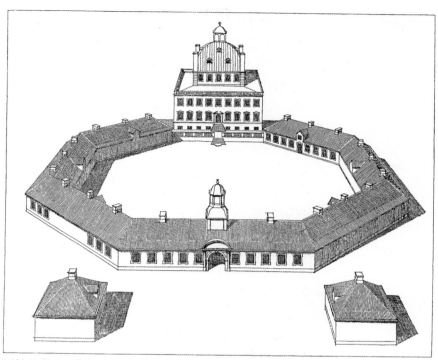

原始的弗雷登斯堡。

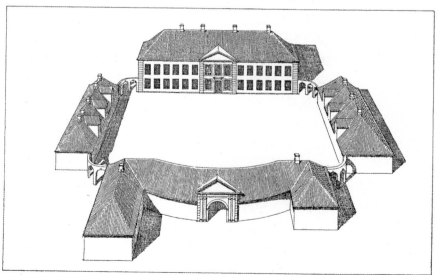

罗斯基勒宫。

管为国家带来了和平与繁荣，但是由于过度虚伪与沉闷，他并未获得人民的爱戴。教师告诉孩子们：克里斯蒂安六世浪费国家资财去建造不必要的宫殿。而那些曾经发动过战争或是大兴土木真正致使国家濒临破产边缘的国王，却由于他们实现了雄心理想以及追求艺术之美从而受到敬仰。

克里斯蒂安六世在哥本哈根修建的克里斯蒂安堡如能幸免于 1794 年的那场大火，将会是欧洲几大著名建筑之一。那场大火不仅焚毁了伟大的建筑，而且还使这座欧洲艺术宝库付之一炬。火后仅仅残存了少量的遗址，幸存的马厩、骑术学校和前庭周围的柱廊均是辉煌的巴洛克建筑的代表作。能与其媲美的只有维也纳的美泉宫（Schönbrunn）与斯图加特附近的路德维希堡（Ludwigsburg）。

克里斯蒂安六世执行了一项庞大的建筑计划：他专门在首都修建了寝宫克里斯蒂安堡；在距首都 15 英里远的小城赫斯霍尔姆（Hørsholm）附近的森林里，他建立了一处规模巨大的夏宫；在哥本哈根以北几英里远的鹿苑（the deer park），他建起了一处狩猎屋，冬宫（The Hermitage），属于巴洛克式风格的建筑精华。在克里斯蒂安堡，可以将摆满美味珍馐的餐桌提升到卧室中，国王和王后可以在绝对私密的美丽房间中一边进餐，一边欣赏宁静的森林美景。在海滨的索菲堡（Sophienberg），他为王后修建了一处休养用的小型皇宫。

那些相信某个时代的建筑是当时社会条件环境缩影论调的人，他们的论断难以解释一位将宫廷打造得异常庄严肃穆的低沉且虔诚的国王，为何能拥有这些活泼奢华的巴洛克式建筑。克里斯蒂安六世的父亲弗雷德里克四世（Frederik Ⅳ，1671 — 1730）是一位举世闻名的专制君主，他曾广泛游历欧洲，直接受到了意大利别墅和路易十四马尔利宫苑的影响，归国后兴建了夏宫弗雷登斯堡（Fredensborg）。这是一幢几何形结构的建筑，高大的方屋顶大厅，八角形的庭院柱廊

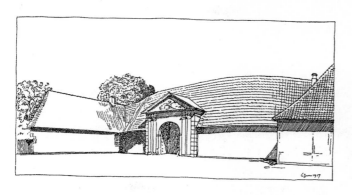

罗斯基勒宫。从市场角度看到的突出的马厩。宫殿修建于1733年，劳瑞斯·德·图拉（Laurids de Thurah，1706—1759，丹麦建筑师）设计。

环绕。克里斯蒂安六世是一位技艺纯熟的业余建筑师，他设计的建筑形式更为自由与自然。而他追求享乐、耽于声色的父亲是一位具有数学头脑的建筑家，他头脑清醒、沉着稳健的儿子是一位具有丰富想象力的设计师。从克里斯蒂安六世魅力十足的罗斯基勒宫（Roskilde Palace）可窥一斑，虽然朴实无华的宫殿规模不大，但完全堪与克里斯蒂安堡相媲美，反映出高超的设计技巧。凸出的马厩临街而建，入口处的正门是高大、覆瓦屋顶的三角形门楣，整体构图令人联想起城门。院内，四周的房屋好像是独立的结构物，其实是通过四个角落上的拱廊娴熟地连接起来的。这个由四座简单的丹麦式房屋围合成的宁静院落宛若一座修道院，旁边教堂的高度超过了宫殿建筑的屋顶水平线，教堂哥特式的外形轮廓更增强了肃穆的氛围。教堂直插天空的纤细尖塔与紧凑的规则庭院实现了精妙的对比，庭院舒缓地与周围建筑叠加在一起。

克里斯蒂安堡的建筑图纸反映出这座宫殿的细腻程度，它俨然成为了哥本哈根所有新房屋的典范。在哥本哈根附近的港口城市克里斯蒂安镇（Christian-shavn）的亚细亚公司（the Asiatic Company）办公大楼就是仅存的优秀范例之一。这座大楼经过多次翻修，不断添加建筑材料，使其愈发坚实。在立面的檐口之上是半圆形的山墙，二层窗户上面突出的装饰线条也

丹麦的插曲

典型的丹麦巴洛克式建筑，高大的拱形屋顶以及附加在建筑上的装饰物。

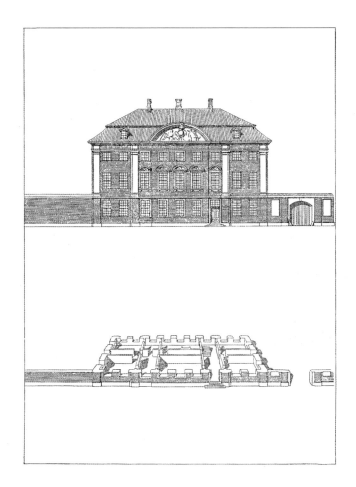

克里斯蒂安镇亚细亚公司大楼。立面比例尺：1:500。大楼修建于 1738 — 1739 年间，菲利普·德·朗格 (Philip de Lange，1705 — 1766，丹麦建筑师) 设计。

亚细亚公司。庭院入口。

122

呈半圆形。上面两层通过四根巨大的壁柱衔接起来，壁柱高出檐口，同上面呈直角弯曲的飞檐相接。在水平维度上，不同尺寸的单个元素组合起来构成了更大的单位，娴熟地打破了枯燥单调的平面。漂亮的大门使进入庭院的访客看到之后会产生赏心悦目的感觉，庭院将两座建筑联结起来，充分反映了多次对原始外形翻修改建提升了建筑的品质。立面的中央部分自建筑中突出出来，精美装饰的大门也自建筑中突出，大门上的楣饰打破了上面连续的凸砖层，雕刻着精美的涡卷、橄榄树枝和贝壳。每一组件都巨大坚固，雄浑对称。

典型的丹麦洛可可式建筑，内凹的屋顶轮廓线及内嵌式的立面浮雕。

哥本哈根皇家弗雷德里克医院的大厅，修建于1752—1754年。建筑师尼科莱·伊格维德设计。

　　这类巴洛克式房屋修建在普通街道并不合适，只有在比较空旷的区域上才能看到建筑的四个侧面，看到壮观的外形。当必须成排修建房屋时，就要换种排布方式。檐口之上有老虎窗凸出倾斜的屋顶，从侧面看还是建筑整体。哥本哈根巴洛克式建筑的另一项突出特征就是绚丽的色彩。房屋常常漆成多种颜色，以粗糙的毛石块与红砖的组合实现对比。习惯上，将巴洛克式建筑视作"纯正"文艺复兴风格的衰退，而随后的洛可可式建筑则是绝对的扭曲。因此，将洛可可艺术认定是18世纪艺术普遍衰落的根源。为什么呢？

123

丹麦的插曲

哥本哈根成排的巴洛克式住宅。宽大屋檐上面的老虎窗体现了典型的坚固笨重的建筑形式。比例尺：1:500。

巴洛克式椅子。

洛可可式椅子。

洛可可装饰不是完全对称的。根据这一解释，弗雷德里克五世（Frederik V，1723—1766）时期繁多的洛可可装饰螺旋状的弯曲和涡卷都被认定是这位性情愉快的专制国王钟爱歪门邪道的体现。评论家被空洞的理论所蒙蔽，根本无法读懂洛可可艺术的真实内涵，仅仅将它作为一种装饰风格。然而事实是，在丹麦引入洛可可艺术标志着一种全新的建筑概念。人们已经厌倦了浓厚的巴洛克式艺术，期待更为理性、不受约束的风格。正在此时，洛可可艺术应运而生。当时，巴洛克艺术模式就是给已然庞大的形式增添越来越多的材料——于是被称为"加法方法"（the addition method），引入新方法以后，减法方法（subtraction）成为准则。洛可可建筑师在立面设计上热衷于采用凹嵌的方式，而不采用突出的手法，同时不会损伤建筑构造。此时的房屋不再是巨大沉重，反而显得轻盈简洁；竭力追求建筑的本质与愉悦，嘲讽冗余和累赘。巴洛克风格的椅子高大、带靠背，比穿上华丽的服装、戴大假发会更令椅子主人气派非凡；而洛可可式的椅子轻小，外形像是一件雕塑，令人爱不释手，比傲慢僵硬的姿态更使人舒适放松。

　　洛可可式建筑绝不是杂乱无章的，表达了一种独特的品味、睿智的含蓄和沉稳的理性。洛可可艺术家对用途和功能感兴趣。他们在设计中采用了人体比

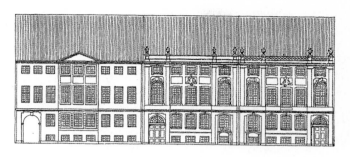

哥本哈根皇宫大街上成排的洛可可式住宅。高度统一，仅有一处的三角形山墙高出宽大的屋檐。比例尺：1:500。

例。他们发明了覆面板墙，更便于供暖，隐藏内嵌式壁橱。他们摒弃鲜艳、绚丽的颜色，钟爱灰、白两色，室内使用精致的灰泥装修。建筑比例的每个细节都绝对吻合几何原理，但又摆脱了死气沉沉、平淡无趣的形式主义。装饰过程中，从精细的白石灰材料之中诞生了贝壳形状、垂花饰和华彩的流畅线条，赋予极其规整的房间活力与可塑性。

　　洛可可风格充分代表了高雅品味，世界其他任何地方都无法与哥本哈根的洛可可艺术相媲美。是丹麦建筑天才尼科莱·伊格维德（Nicolai Eigtved，1701—1754，丹麦建筑师）将这种艺术风格引入了首都，伊格维德曾长期在国外研习并实践这种艺术。回国后，他作为新风格的代表立即面对与巴洛克派建筑师的竞争。弗雷德里克六世（Frederik Ⅵ，1768—1839）巨大的阿美琳堡正在建设之中，工程项目竞争激烈，伊格维德成功地赢得了机遇。他设计了一座通向庭院的大理石桥以及骑术学校入口的两座亭子，并且大量负责皇室宅邸的室内工程。越来越多大大小小的工作都委托他。但是他最成功的作品是哥本哈根新建的阿美琳堡区（Amalienborg District，也就是今天的皇室宅邸）的建筑规划。

　　当国家权力完全集中于专制君主手中时，极可能实施与自然发展道路完全不同的人为发展模式。仅凭国王的一道政令，旧城市之中的新城区或新地块可能

125

像雨后春笋般在一夜之间修建起来。而中世纪自然发展起来的城市是为了满足城镇经济生活的需要。现在国家可以决定发展何种商业类型，以及在何处开发。于是在没有任何适宜自然条件的地方都可以规划城镇。巨大的财富只被少数特权阶层所占有，对于消除贫困、摆脱绝对依附束手无策。

这导致了代表少数特权阶层文化的兴盛，艺术、科学和哲学日益繁荣。当时的人们已经注意到了存在的社会问题，但是无法找到正确的解决办法。针砭时弊的哲学家与作家从宫廷拿到了津贴，他们的建议赢得了各方的赞誉。他们的理论构成了未来革新的理论基础，并在18世纪贵族沙龙上首次提出。这类小团体的成员讨论了如何建立理想国度和理想城市，但也认识到他们只为少数特权集团服务。这些幸运儿生活在最为美丽的环境之中，过着衣来伸手、饭来张口的舒适生活。在这种优越的生活框架背景下，由这些人来讨论社会问题，必定会对贫民简单质朴的生活情绪化、浪漫化。

1749年，在奥尔登堡家族（the House of Olden-borg）300年庆典之际，弗雷德里克五世决定捐出一大块土地，包括一座毁于大火的皇家公园及其旁边的练兵场。公告介绍土地说："批准将这片毗邻港口和海关的极有价值的土地出让给有意购买者以支持并推进商业的发展。"

好像很清楚，国王的用意就是创建一座与港口相连的商业中心。凡是自愿造屋者，将给予建房基地这块不动产，并规定30年之内军队不得在此宿营。木材商在附近设有堆木场，所以他们愿意购买这里的土地。但是如果他们没有及时呈交申请，其他任何人都可以提出申请，在申请获得批准后，按顺序自主选择场地。购买者即刻获得所有权，唯一的条件是：他们必须在五年内实施建设，并严格执行由国王批准的建设规划。"在各方面都必须整齐划一"，所有沿街砖构建筑的窗

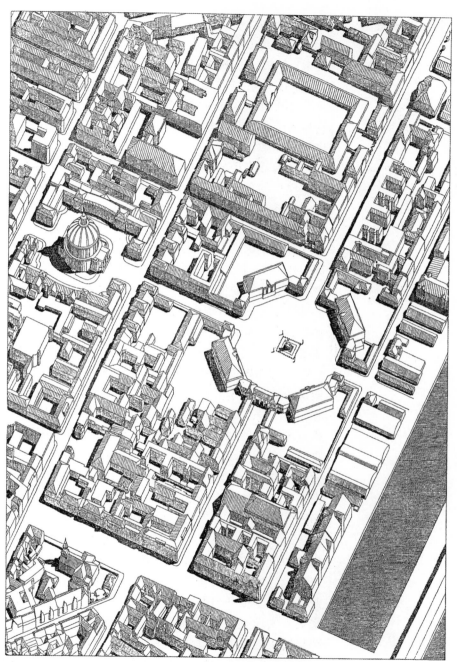

1948 年皇宫大街一带的建筑。

丹麦的插曲

参见第 112 页。

第 112～113 页图中没有
标示。

户必须在同一水平线上。

但最初考虑的不是商业中心。原始的规划是一大
片中央广场，国王曾谈及：他曾经想保留这块土地，修
建四座宫殿从而构成中央广场。

不难推测，建筑师伊格维德获知了纪念性广场的
构想。一年前在巴黎曾举办了一场围绕路易十五塑像
辟建广场的设计竞图。在提交的方案中，有一份是沿
与塞纳河成直角的轴线上设计一八边形广场。尽管阿
美琳堡广场可能受到了上述方案的启发，但伊格维德
的规划完全是原创的。它确实与法国提案有类似之处，
但它绝不仅仅是修建起一些立面统一高度的建筑，掩
盖了背后的陈旧与龌龊。伊格维德的计划设想了将不
同大小、不同外形的建筑物精心组合在一起构成一个
充满节奏韵律的整体。伊格维德的组织构图毫不模糊。
广场四角是高于其他街道建筑的四座坚固的建筑体块。
在接近广场的大街两侧，伊格维德规划了成排外观朴
素统一的房屋，用来强调拥有四座宫殿与中央纪念塑
像的阿美琳堡广场的辉煌。在单层连廊的两端是两座
两层小楼把两座宫殿连接起来。从而成就了四座宫殿
独特的主题，每一独立建筑单位包括了主楼和两侧楼，
构成了八角形广场上更大的建筑单位。广场四个角都
是一组主楼与两侧楼三者的组合。不幸的是，宏伟的
大理石教堂（the Marble Church）巨大的圆顶和两侧塔
楼——又一个三位一体的建筑构图组合，阻挡了从广
场方向朝弗雷德里克大街（Frederik's Street）眺望的
远景。广场未能完全依照伊格维德的规划落成。他构
想的一步步逐渐提升建筑高度的布局远景从未实现——
从位于广场上弗雷德里克大街拐角处的两座宫殿楼房
起始，逐步抬升到街道另一端的高大建筑，最后伸抵
最高点大理石教堂高耸的穹顶。这类效果也出现在单
个建筑中，在教堂设计中特别明显，目光自然地从入
口逐渐向上抬到了 20 英尺的高度——40 英尺高的二层
——80 英尺高的圆筒形建筑——圆屋顶，再向上 160

128

建筑师最初规划的从阿美琳堡广场遥望的远景。比例尺：1：1000。由伊格维德设计：近处是阿美琳堡宫，后面是弗雷德里克大街另一端的两座房屋，更高处是大理石教堂。

英尺看到十字架。

新宫殿的所在地原是皇家公园，阿美琳宫主楼与侧楼的构图使人联想到独栋别墅。最初，只在每一立面的中央开有一个入口，人们可以直接从广场进入园景房。在后来成为克里斯蒂安七世（Christian Ⅶ，1749—1808）寝宫的宫殿中，一进门是一间壁龛状的房间，很像一个天井，瓷砖蔓地的地面与室外的铺地一样高，以一定间隔环墙竖立石柱。拾级而上通向一层的起居室。二层大客厅以双柱凉廊的形式稍许突出于立面。宫殿建筑两端的房间也稍稍突出。事实上，整栋建筑清清楚楚地以隔间加以划分。中央的房间有三面相同尺寸的大窗户，每扇窗之间是一对柱子。两侧内凹的

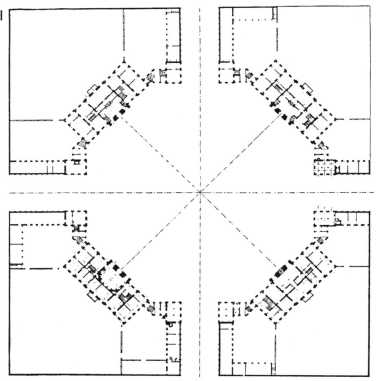

哥本哈根阿美琳宫的一层平面图。比例尺：1:2000。根据尼科莱·伊格维德的规划绘制，建筑1749年动工兴建（资料取自劳瑞斯·德·图拉所著《丹麦的维特鲁威》（*Den Danske Vitruvius*）中未曾发表的内容）。左下角是克里斯蒂安七世的寝宫（与第131插图对比）。

房间有两扇小窗户，两端是突出的房间。宫殿背立面的开窗与正面一模一样。两个侧面上都是5扇小窗户。如果把前后、左右各扇相对窗户的中心线连接起来，就会发现建筑内所有的门和壁龛都沿着这些中心线。从远处眺望，视线可以贯穿整个建筑。房间可能是正方形的，或是2:3或1:2比例的长方形。四座宫殿不是绝对的完全统一，但它们都是沿着相同的轮廓线而建。

我们不得不敬佩18世纪的设计师一举完成一座全新宫殿的高超能力。阿美琳堡地区规划最早是1749年提交的，到1754年伊格维德去世时，包含华丽辉煌的宫殿、美观大方的医院和多座房屋在内的整片区域已经规划完毕，多处建筑已经完工。究其原因，可能是伊格维德谙熟设计之道，整日得心应手地操控尺寸与

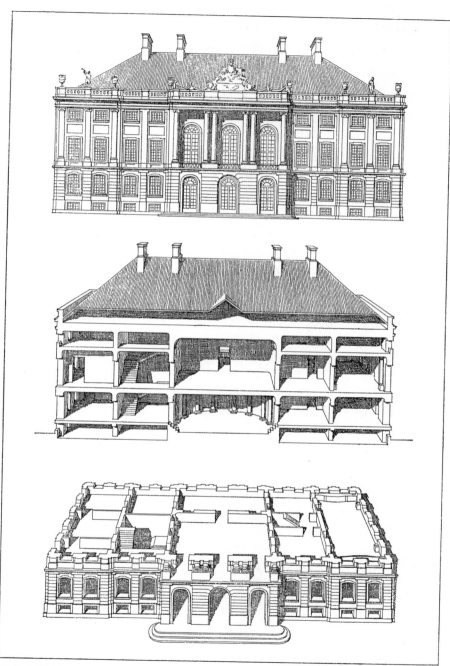

哥本哈根的阿美琳堡。克里斯蒂安七世的寝宫。立面图比例尺：1:500。

形状。他能够将各种元素综合一处，构成如奢华的教堂方案一般不同凡响的构图。但他也能够利用这些元素设计出纯粹功能性的建筑，比如弗雷德里克医院（Frederik's Hospital），病房大小全部依赖病床的尺寸，而且病房设置于获取最佳光线的位置。他为亚细亚公司在码头设计了一处仓库，起重吊车即成为设计主题。伊格维德的大小工程项目反映了建筑师面对难题时如何将各类建筑元素以清晰、合理的方式整合一处，或是将它们按性质归类。

阿美琳宫这片由灰色房屋组成的新区与色彩明快的老城形成了鲜明对比。伊格维德刚刚去世，反对洛可可的声音便甚嚣尘上，新口号是"纯古典主义"（pure classicism）。但是19世纪哥本哈根的大街小巷依旧沿用了伊格维德为首都设定的建设风格。

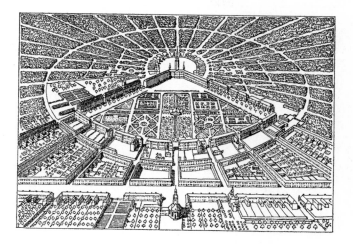

卡尔斯鲁厄，根据18世纪中期的规划绘制而成。塔楼既是森林道路交会的中心，也是城镇放射状道路交会的中心。塔楼还处于城堡三排房屋相互结合的中心位置。南侧是花坛公园，城市包括有两组环形街道。再向南是长街，路旁是改革教堂（the Reformed Church），它坐落于主轴线上。

新古典主义 NEO-CLASSICISM

  故事要从卡尔斯鲁厄（Karlsruhe）说起，从前有一位王子名叫卡尔·维尔海姆（Karl Wilhelm），是一位伯爵。他管辖的领地面积很小，只不过是一个领主而已，但很受臣民爱戴。他的国名为"巴登—杜拉赫"（Baden-Durlach），后来国家毁于战火，城堡遭受抢掠被焚毁，他极为渴望和平与幸福。

  战争结束后，维尔海姆伯爵不愿将重建城堡与堡垒的沉重负担转嫁到不幸的百姓头上。他决定贴近自然，在附近的树林中修建一处简单的木房子。除了偶尔传来狩猎的号角，那里一片宁静祥和。在林间道路交会之处演变成了一个巨大的放射状的"星星"，他亲自建起了一座塔楼。

卡尔斯鲁厄建于1715年。

  从塔楼逐渐拓建起了两侧楼，包括全部木制的觐见室、礼拜堂和小剧场。维尔海姆伯爵称这里是"卡尔斯鲁厄"（意为"卡尔的休憩之所"）。弹丸小国的宫廷悉数搬到了这座不设防的狩猎宅邸。在茂密的森林之中，一座市镇围绕城堡呈半圆形延展开来。伯爵亲手规划了城镇，当他站在塔楼上面，向下俯瞰全城时，就像是狱卒审视监狱的每个角落，他不仅俯视街道，

新古典主义

而且还远眺林中的道路。

这不是神话故事，而是真实的历史，叙述了 18 世纪初一座城市是如何形成的。

我们故事的下一节讲述的是在睿智的王子卡尔·弗雷德里克（Karl Friedrich，1748—1811 年执政）管理下这座小市镇的发展演变史。1748 年使用砖和石材重建了城堡，还规划了洛可可风格的环形宫廷街道，整条街都是拱廊。在轴线上与主干道长街（Langestrasse）呈直角修建起了一座教堂，与城堡保持在同一条直线上。卡尔·弗雷德里克是思想启蒙运动（the Age of Enlightenment）的忠实信徒，他废除了农奴制，宫廷里在他周围吸纳了一批哲学家和诗人。

巴登日渐繁荣，城市也发展起来。随着城市愈加拥挤，需要对长街的另一侧实施建设。那里原有教堂，现在市场也落户于此。1787 年，意大利人佩蒂提（Peddetti）设计了一项巴洛克风格的方案。从长街方向有一个通往市场的入口，在市场的另一头，街道宽度逐渐变窄，他建议对称修建两座带塔楼的穹顶教堂，立面为圆柱。但他的建议未获落实。19 世纪初，在城市新区中采纳了弗里德里希·魏布雷纳（Friedrich Weinbrenner，1766—1826，德国建筑师）的方案。早期建筑的扇形排布

下图：
1834 年时的卡尔斯鲁厄。图中上端为北。比例尺：1:20000。图中上部是最初的卡尔斯鲁厄。长街东西两端各有一座古色城门，长街以南的区域是根据魏布雷纳规划开辟的新区。

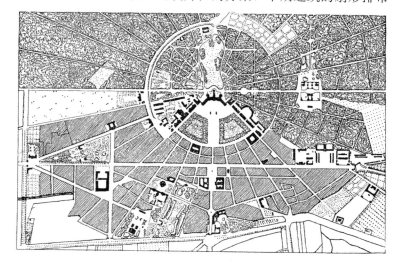

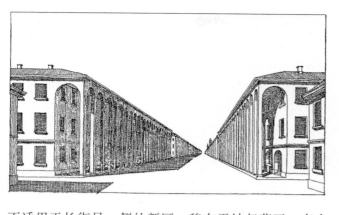

弗里德里希·魏布雷纳为卡尔斯鲁厄长街所作的规划方案，包括在现有建筑物立面的外面修建高大的凉廊。

参见亚瑟·范德奈尔（Arthur Valdenaire）所著1923年卡尔斯鲁厄出版的《弗里德里希·魏布雷纳》（*Friedrich Weinbrenner*）。

不适用于长街另一侧的新区。魏布雷纳起草了一套全新的街道几何系统。城市仍然采取不设防的形式，城市入口也就是几条主干道的起点。城堡附近环形街道上的建筑立面美观整齐，而长街上的房屋高高低低混建在一起，立面极不规则。魏布雷纳建议为全部房屋统一搭配维护屏——街道两侧对称修建带拱门的连廊，拱廊的高度与最高的建筑齐平。当巴洛克派在竭力实现充满情趣的街景时，新古典主义却是最先关注风格纯度的流派，他们追求毫无瑕疵杂质的高纯洁度风格。风格之单纯几近枯燥无味。经典的圆柱、方柱和半圆形的拱门意味着纯正的风格和古典美。然而这一计划也未能实现。

市场现在是朴实无华，并非佩蒂提所建议的生动活泼的巴洛克式广场。现存有魏布雷纳1797年所绘制的规划图，紧挨长街有一座方形广场。新古典主义的广场通常都是简单的几何外形，周围是希腊风格的单层建筑所环绕，拱廊面对广场，就像是精致的市场大厅。广场前半部分面朝一个更大面积的广场，中央是一座纪念碑，两侧是修道院式的柱廊立面，一侧通向教堂，另一侧通向市政厅。广场中央也有着一座纪念碑。沿主轴再走是一个圆形广场，圆形广场周围与方形广场一样，是美观的立面。运用圆形广场避免出现难看的街道交口。在漂亮的草图上魏布雷纳描绘了整项规划。我们看到的背景是广场和广场上希腊风格的市场大厅，再后面是市政厅的三角形山墙。远景是圆

新古典主义

形广场中央的方尖碑。希腊式的市场大厅从未建成。但魏布雷纳建起了教堂和市政厅等公共与私人建筑。市场广场的中央是一座金字塔。

为了解决规划难题，魏布雷纳提出了复杂的解决方法，包括在圆形广场上如何安排拐角处的房屋。他的规划是实施建筑分区，高大精致的房屋围绕中轴线分布，矮小些的群组在外圈边缘。他绘制了标准的住宅图。魏布雷纳规划的卡尔斯鲁厄是典型的稳健保守风格的彼德麦型城市（Biedermeier city，责编注：彼德麦风格是 19 世纪在德国流行的一种简朴实用的艺术风格），古典圆柱和三角形山墙装饰着优雅的灰泥粉刷的建筑。

许多欧洲城市重演了卡尔斯鲁厄式的规划建设。巴洛克风格紧密结合的华丽外形让位于朴素的、几何构图的新古典风格。不仅建筑物是这样，整座城市规划也是如此。

在欧洲大陆，存在将欧洲艺术史认定为一个连续过程的趋势：文艺复兴—巴洛克—洛可可—新古典主义。艺术收藏品的图片也是根据同样的历史线索进行排列，参观者在博物馆参观时只能随着编号顺序一间间展室地简单浏览整个文化发展历程。但是真实的情况要复杂得多。一个非常重要的事实是：许多博物馆里很少包含英国艺术，更鲜有中国艺术，尽管外部文化强烈地影响了 18 世纪的欧洲艺术。

欧洲每个国家的文化都曾受到其他地区的影响。因此，不能简单认定文化仅仅依循着单一的趋势发展；文化包含很多分支，相互交织融合，产生了多条发展方式。在类似于卡尔斯鲁厄的地区，各个发展时期是与一些重要建筑师的作品相联系的，比如丹麦，洛可可式是 1735 — 1754 年间的宫廷风格，尼科莱·伊格维德死后，由新古典风格取代。但是在 1747 年，伊格维德建造了洛可可风格的丹麦皇家剧院（the Danish Royal Theatre），而乔治·温泽斯劳斯·冯·克诺贝尔斯多夫（Georg Wenzeslaus von Knobelsdorff，1699 —

哥本哈根的皇宫大街。前
景中的房屋建于洛可可时
代，街道远处的房屋属于
新古典风格，街道远景由
希腊柱廊封闭（参见第
140 页）。

1753，普鲁士建筑师）设计的新古典风格的柏林剧院已
经完工四年了。在英格兰，好几代人一直不间断地沿用
古典文艺复兴传统。自从伊尼戈·琼斯之后，英国建筑
师采用了帕拉迪奥风格来建造房屋。在英格兰，有的房
屋非常像帕拉迪奥的圆厅别墅；但也有一些原创作品，
比如老约翰·伍德（the elder John Wood，1704 — 1754，
英国建筑师）1735 年（参见第 36 页）在帕莱尔公园修
建的大住宅。约翰·伍德父子是巴斯城（Bath）古典风
格区域的建筑设计师，他们的作品包括：1727 年长方
形的皇后广场（Queen's Square）、1750 — 1760 年间的
同志街（Gay Street）、1754 年的圆形广场（the Circus）、
1767 年的皇家新月楼（the Royal Crescent）。与此同时，
洛可可风格在 1753 — 1755 年间的南希（Nancy）以及
1750 — 1754 年间的哥本哈根城镇规划方面大获成功，
此类城市中，规划有广场和新月形的楼房，装点着纯粹
古典风格的柱廊立面。1766 年当规划爱丁堡（Edinburgh）
新城（the New Town）时，英国才开始出现最优秀的
古典城镇规划。詹姆斯·克莱格（James Craig，1739 —
1795，苏格兰建筑师）和亚当兄弟（the Adam brothers）
负责许多新房屋的设计。

　　很难追踪曾经影响过欧洲其他地区的帕拉迪奥风
格在英国的影响如何。很少有欧洲大陆人士到英国去

参见：1948 年伦敦出版的
沃尔特·伊斯昂（Walter
Ison）所著《1700 — 1830
年巴斯的乔治亚风格的建
筑》（*The Georgian Build-
ings of Bath from 1700 to
1830*）。

新古典主义

参见：詹姆斯·里斯－弥尔恩（James Lees-Milne）所著1947年伦敦出版的《亚当时代》（*The Age of Adam*），第57页。

参见：尼古拉斯·佩夫斯纳（Nikolaus Pevsner，1902—1983，英国艺术史家）和苏茜·朗（Susi Lang）撰写的《阿波罗或狒狒》（*Apollo or Baboon*），《建筑评论》，1948年12月，第271页。

观览建筑，但是可以通过图解建筑书籍了解英国建筑。科林·坎贝尔（Colin Campbell，1676—1729，苏格兰建筑师）出版有《英国的维特鲁威》，作者自诩记录了英国最优秀的建筑，但重点介绍的却是出自他自己和朋友之手的帕拉迪奥式作品。借助这些书籍，英国建筑影响了欧洲建筑，就像当代阐述英国哲学和社会学主题的书籍在欧洲大陆思想开放人士当中赢得了支持者。克诺贝尔斯多夫1738—1739年间曾住在意大利，他希望赋予柏林的歌剧院古典特色，他获得了英国建筑师伊尼戈·琼斯作品的设计图，还包括帕拉迪奥式建筑的插图。当时人们发现：歌剧院是希腊式建筑的绝佳实例。法国文学家伏尔泰（Voltaire，1694—1778）写信给他的侄女说，"这里简直就是希腊神庙，里面全是野蛮人的作品。"（在巴黎访客眼中腓特烈大帝的宫廷生活是野蛮的。）

当时对希腊式建筑的真正含义存在模糊认识。在那些巴洛克风格和洛可可风格曾经盛行一时的国家里，建筑师回过头来推崇帕拉迪奥，就是为了获得更为纯粹与经典的风格，而英国建筑师感到：他们熟知的帕拉迪奥风格尚不够古典。1760年秋詹姆斯·亚当（James Adam，1732—1794，苏格兰建筑师）在维琴察时的日记中写道："……虽然看到了充斥城市的各种类型的帕拉迪奥式建筑，但我却丝毫都不欣赏。"他的哥哥罗伯特·亚当（Robert Adam，1728—1792，苏格兰建筑师）1757年测量了位于达尔马提亚（Dalmatia，位于克罗地亚境内）斯巴拉多（Spalato）的戴克里先宫殿（Diocletian's Palace）遗址。（随后，亚当两兄弟又回归帕拉迪奥风格，创制了所谓"帕拉迪奥式窗"（Palladian windows），比帕拉迪奥自己在意大利的作品风格色彩更加浓厚。）在这一时期，很多英国建筑师测量了原本不为人们所知的希腊古典建筑。其中最重要的是业余爱好协会（the Society of Dilettanti，责编注：18世纪贵族、学者倡导成立的研究古希腊、罗马艺术的组织）派遣詹姆斯·斯图尔特（James Stuart，1713—1788，英国考古学家、建筑师）和尼古拉斯·里维特（Nicholas Revett，1720—1804，英国建筑师）所进行的考察。1762年和1768年他们出版了两卷绘制的比例图，证实了正确的希腊柱子与我们今天公认的柱式截然不同。老一辈学者对希腊柱子的测量还是相当原始的，年轻一代设计师非常热衷于量测工作，竭尽所能做到考古学上的正确。

新古典主义成为一种建筑规划，也就是反对巴洛克风格的臃肿浮夸，提倡简洁与纯粹，方法极其简单：在简单的几何图形基础上构成主体外形，细部是纯粹的希腊风格，周围环境根据英国景观花园的理想形式进行布置。小规模的工作是将这些构成元素机械性地组合起来，但是在参与纪念性建筑设计时，建筑师成功地实现了罗伯特·亚当所说的"更大的运动"（a greater movement）。他随后解释道："运动就是在建筑的不同部位，通过多种形式表示上升—下降、前进—后退，从而大大增加构图的逼真感。"纯粹抽象的背景提高了精心构思的单一细节造成的效果，克劳德—尼古拉斯·勒杜（Claude-Nicolas Ledoux，1736—1806，法国建筑家）结合单个柱廊，设计了球形和锥形的建筑。在阿尔托纳（Altona）郊区，克里斯蒂安·弗雷德里克·汉森（Christian Frederik Hansen，1756—1845，丹麦建筑师）的圆形乡间别墅杂糅了那个时代对几何形式及田园生活的偏爱。

新古典主义

克里斯蒂安·弗雷德里克·汉森，阿尔托纳附近的乡间别墅，比例尺：1:500。

参见：马塞尔·拉瓦尔（Marcel Raval）所著1945年巴黎出版的《克劳德—尼古拉斯·勒杜》。

法国建筑师约瑟夫—雅克·雷米（Joseph-Jacques Ramée，1764—1842）在哥本哈根郊区苏芬荷姆（Sofienholm）的作品。法国大革命前，雷米供职于旧政府，革命后为新政权服务。从1790年开始，在汉堡与哥本哈根为富商工作。1811—1816年他设计了位于纽约州斯克内克塔迪（Schenectady）的联合大学（Union College）。1823年他又返回了巴黎。

139

新古典主义

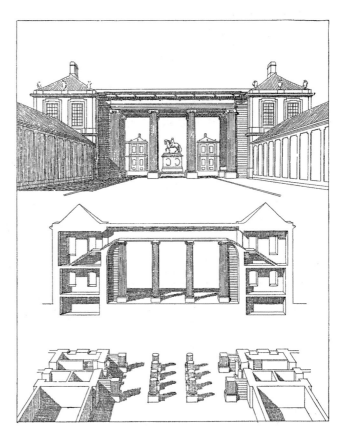

在哥本哈根，柱廊将皇宫大街末端阿美琳堡的两座宫殿连接起来。立面图比例尺：大约1:500。克里斯蒂安堡1794年被大火部分毁损后，国王出资购得原为私人所有的阿美琳堡宫（现仍为皇室寝宫）。单座宫殿不敷皇家使用，哈斯道夫受命将两座宫殿连接起来，但同时不能影响从皇宫大街仰望雅克·弗朗西斯·约瑟夫·萨利（Jacques François Joseph Saly，1717—1776，法国雕塑家）制作的腓特烈五世骑马塑像的视线。

此时，人们对圆柱产生了浓厚的兴趣，当时许多建筑就是因此使用了圆柱。歌德（Goethe，1749—1832，德国诗人）崇拜帕拉迪奥，而詹姆斯·亚当却鄙视帕拉迪奥，歌德1786年曾经游历维琴察，在9月19日的日记中写道："与所有现代建筑师一样，帕拉迪奥的最大困难就是竭力将圆柱运用于私人住宅，因为把圆柱和墙体结合起来总会产生矛盾与对立。"有些建筑师通过把建筑打造成柱廊形式，从而消除了矛盾。在巴黎，雅克·加布里埃尔（Jacques Gabriel，1667—1742，法国建筑师）1782年修建了一排面对路易十五广场（the Place Louis XV）的宏伟建筑立面，正面横贯柱廊。在这里，依然沿用了文艺复兴式的圆柱。1794年的大火焚毁了克里斯蒂安堡之后，丹麦王室购买了阿美琳堡

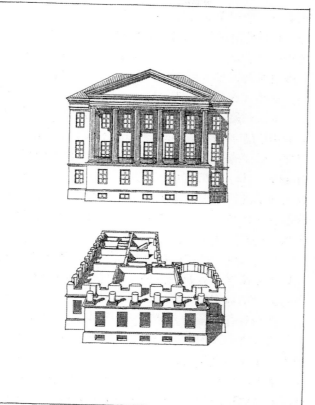

哥本哈根国王新广场附近的埃里克森城市别墅（现为商业银行（the Handels Bank））。立面图比例尺：大约1:500。按照卡斯帕·弗雷德里克·哈斯道夫的设计规划于1799年竣工。这座建筑使人联想起帕拉迪奥带柱子凉廊的别墅（比较第73页介绍的皮奥维尼别墅）。六根爱奥尼克式圆柱异常精确地仿制了希腊原品。在哈斯道夫所著研究希腊古建筑的书籍中，就有此种图样。

宫作为皇室寝宫，建筑师卡斯帕·弗雷德里克·哈斯道夫受命将被街道阻隔的两座宫殿连接起来。令他欣喜的是项目能够借助希腊式的爱奥尼克柱子，他是从斯图尔特和里维特绘制的图样中见到这种设计手法的。后来，他在哥本哈根采用帕拉迪奥的风格样式修建了一栋私人住宅——埃里克森宫（Erichsen's Palais，富商埃里克·埃里克森（Erich Erichsen）修建的宫殿式住宅），但细部纯为希腊式的。

　　法国大革命并没有引发风格上的革命，而是继续沿用专制王权遗留的衣钵。1793年巴黎成立了"艺术委员会"（Commission temporaire d'artistes），成员包括画家、建筑师和工程师。他们提交了一份范围相当广泛的规划，不仅涉及城市新区，还囊括了整个巴黎的

141

规划——修建新交通主干线、美化城市以及清理贫民窟。有趣的是这项工程的基础是始于 1773 年路易十六统治时期开展的一场高水平勘察活动，城市改造直到拿破仑执政时期才告完成。虽然历经了全部政治大动荡，这项工作依然稳步推进。

里沃利路（Rue de Rivoli）是拿破仑时期完成的，从协和广场（the Place de la Concorde）到卢浮宫，带有那一时期的风格特色，我们称之为"帝国风格"（the Empire style）。其古典主义特质使我们想起了希特勒和斯大林的建筑。新独裁者在发现存在现代主义的地方强制推崇古典主义，拿破仑就是依照自己的需用，转变当时的艺术风格趋势。

总体来说。拿破仑是 18 世纪文化的继承者。帝国风格不是拿破仑政权创造的，相反恰恰由于他维持了当时盛行的风格才确保帝国的存在。舞台上第一幕终了，幕布徐徐下落时，使人们回想起古代罗马——先是共和时期，再是两执政官时期。拿破仑熟读历史，知道下一幕是恺撒统治时期。从政治上，他需要稳固地位，实现合法化。1802 年他写信给被流放的路易十八（Louis XVIII，1755—1824），建议合法退位，禅让于拿破仑。当遭到拒绝时，他认识到试图说服波旁王朝的努力是错误的，他们已经完全不可救药。当时风行古典风格，正适合出现一位罗马皇帝。1804 年，他定制了一件加冕时穿的宽外袍礼服。教皇也应邀专程从罗马赶来，拿破仑盛装登场，其余众人都在迎候拿破仑的到来。新帝国于焉建立，每一件事都铭刻着新帝国的烙印。像恺撒征服埃及一样，拿破仑也对非洲记忆深刻。在建筑、家具和家居用品上，大量复制和应用罗马和埃及的特征。随即工厂大量进行制造。寓意性质的饰物日趋廉价，雕塑师制作的皇帝半身像和全身像越来越像奥古斯都，可是漏洞百出。巴黎俨然成了新罗马城，修建的凯旋柱和凯旋门代表了一次次的军事胜利。

1798 年那时还是将军的波拿巴说道："如果有一天我当了法兰西的统治者，我一定会将巴黎打造成历史上最美丽的城市。"现在时机成熟，拿破仑便可大展身手。他宣称要像教皇西斯托五世建设罗马一样改造巴黎。他为城市提供了更为洁净的水源，建起了市场和桥梁，开通了新的大街，树立起纪念建筑，歌颂他的胜利和政权。

波拿巴王朝时期的巴黎奠定了良好的工作基础。卢浮宫已竣工，杜伊勒里宫增加了长长的走廊，与凯瑟琳·德·梅迪奇修建的走廊遥相呼应（参见第 56 页）。拿破仑修建的凯旋门象征了国王从一个胜利走向另一个胜利。1806 年在杜伊勒里宫的庭院中，他建起了一座由三拱门组成的规整的罗马式凯旋门。1871 年宫殿的侧楼被大火焚毁，仅存小凯旋门（Arc de Triomphe du Carrousel），标志了巴黎轴线——香榭丽舍大街的起点。当然，在拿破仑的精心规划中，大街的另一端是另一座凯旋门。从 1564 年凯瑟琳·德·梅迪奇在巴黎城外为杜伊勒里宫奠基开始，这一伟大的市景便逐渐拉开了帷幕。在安德鲁·勒·诺特的巧手之下，杜伊勒里花园落成，景观又向前迈进了一步；并且在 1664 年完成了长街规划。100 年后协和广场告竣，伟大的市景终于实现，于是在远处小山顶上矗立起宏伟的大凯旋门以纪念拿破仑赢得的光辉胜利更是顺理成章的事了（最终在 1836 年路易·菲利普时期（Louis Philippe，1773 — 1850，法国国王）竣工）。

帝国时代的房屋、室内装饰和家具都是由拿破仑的建筑师夏尔·佩西埃（Charles Percier，1764 — 1838，法国建筑师）和皮埃尔·弗朗西斯·伦纳德·方丹（Pierre François Léonard Fontaine，1762 — 1853，法国建筑师）设计。他们在意大利学习了古典建筑以及文艺复兴和巴洛克艺术，最终研究成果是出版了介绍罗马宫殿与住宅的专著。所有的建筑全是用最精致的线条描绘而成，与巴洛克时代的版画形成了鲜明对比，后者丝毫没有材质的纹理，甚至连阴影都没有，所有的建筑看

新古典主义

与第 48 页比较。

参见第 167 页插图。

新古典主义

参见约翰·萨默森（John Summerson, 1904—1992, 英国建筑史家）所著1945年伦敦出版的《乔治时代的伦敦》（*Georgian London*），第160～173页。

起来都模模糊糊，古里古怪的。他们的建筑证明是对罗马建筑原型轻描淡写的解释。所有的装饰也都大同小异，采用了大理石、木材、铜材或者瓷器等材料。但风格高雅精巧——这就是拿破仑竭力带给整个国家的影响效果，然而却遭到其家族的阻挠。这股脆弱的崇尚古典主义的风潮，未加任何重大调整改变即可适合最纯正的中产阶级口味，例如德国彼德麦风格。

尽管英国与法国之间有海峡相隔，但两国在艺术风格上的差别很小，英国也存在呆板的古典主义（mechanical classicism）。1812年出台了摄政街（Regent Street）的规划方案，街道上盖起了许多房屋，借用选自古典主义细部的圆柱和灰泥装饰。约翰·纳什（John Nash, 1752—1835, 英国建筑师）不过分挑剔，善于资助建设令人印象深刻的建筑，以及街道沿线的建筑群。当然还有其他许多人深入研究过古代遗风。由威廉·茵伍德（William Inwood, 1771—1843, 英国建筑师）和亨利·威廉·茵伍德（Henry William Inwood, 1794—1843, 英国建筑师）父子建造的圣·潘克拉斯教堂（St. Pancras Church）包括了最准确复制的希腊风格细部。教堂有两座女像柱大厅，著名的伊瑞克提翁神庙（the Erechtheion）仅有一座女像柱大厅就已经心满意足。

一旦建筑师成为了忠实的模仿家，就会直接将古代希腊神庙里最重要的部分移植到现代基督教教堂内，新旧建筑艺术的结合不再有任何限制。折中主义（eclecticism）的时代到来了。

1812年规划的伦敦摄政街的"象限区"（the Quadrant）。人行道是曲线形的柱廊。房屋立面用灰泥装饰，油漆涂绘。今天这条街道已经完全不同了。

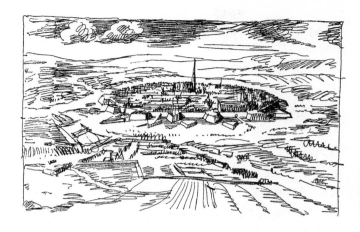

17世纪的维也纳，坚固设防城市的周围是一圈开阔地。

城 郊 THE BANLIEUES

当柏林还是偏远、蛮荒的普鲁士殖民小镇的时候，维也纳已然是日耳曼民族的文化中心，他们的祖先可以回溯到罗马帝国时期。与巴黎和伦敦一样，维也纳也是围绕罗马要塞发展起来的，在古时就已具有重要地位。公元180年罗马皇帝马可·奥勒留逝于该城。

16世纪，土耳其人入侵欧洲，他们的先锋部队1529年被阻挡于维也纳城下。城市虽陷入重围，但顽强地抵抗了敌人的疯狂进攻。三周后，土耳其人不得不撤兵，无功而返。维也纳作为一座伟大的日耳曼城市成功地遏制了亚洲游牧民族对欧洲大陆的侵袭，屹立于欧洲都城之林——它既是边疆重镇，又是伟大的文化中心。它是哈布斯堡家族的发祥地，还是神圣罗马帝国的首都。19世纪末，维也纳拥有不同于德国的政治、文化元素。它是一座伴有国际文化的世界性城市。

维也纳的城墙不断地扩展，直到建成了强大的防御体系。1683年土耳其人围城之时，证明了修建防御工事的必要性。成功袭击敌人漫长的补给线之后，土耳其人被迫撤兵。在结成了抵御奥斯曼帝国的联盟之后，土耳其人的侵扰危险最终解除。土耳其人留给维

145

城 郊

也纳两样东西：咖啡和丁香，这两种特殊的舶来品风行欧洲。

从古老的版画来看，维也纳是一座标准的设防城镇，多边形的城墙，增添了棱堡和护城河。城墙外面是一圈宽达600英尺的开阔空地。空地以外，是城郊。17世纪时那里还只是零星散布着小房子的乡村。但很快就发展成为正式的城区。维也纳贵族不满足于老城里狭窄的住屋，开始在城墙外面筑起了带大花园的宅院。1704年开始构建外围防御工事，保护城郊区域。此时，维也纳由两块截然不同的区块组成，内部是拥挤不堪的老城（Altstadt）——狭窄的街道、高层房屋、古老的大教堂、贵族的宫室以及国王的寝宫霍夫堡宫（Hofburg）；老城外面，穿过一片宽阔的防御带便是维也纳城外开阔的城郊，遍植树木和花园。

拿破仑1809年攻占维也纳，他拆毁了城防的棱堡。从那时开始，维也纳在军事防御角度成为了一座"开放"城市。在大半个世纪中，工事的残垣断壁仍堆在远处，无人清理。破砖烂瓦阻碍了城市的自由扩展。直到1857年才决定拆平城墙，将废弃的旧军事工事纳入城市规划。这位至高无上的皇帝陛下声称希望立即展开旧城扩建工程，特别强调将两片区域连接起来，以便规整及美化帝国的首都和皇宫。

一项详尽的建设规划制定出台。部分区域需进行细分，并作为建筑基地出售。获得的资金作为建设基金资助城市建设与大型的公共建筑。同年举行了公开的规划竞赛。建设规划规定，公共建筑要尽可能地独立，并面对林荫大道或广场。因此，七位获奖者的作品均完全独立，四周都是空地，好像是模型一样与周遭环境毫无关联。这里与老城的环境形成鲜明对比，在老城中街道与广场被成排的狭小房屋所封闭。

随后的数十年间，建筑规划在执行过程中进行了一定的修改调整。围绕市中心安排了一条非常宽阔的林荫大道，称为"维也纳环线"（Vienna Ring），内含五

维也纳老城中的彼得教堂（Peterskirche）。

146

个用直线围合的部分。环线以外没有开发的区域用直线细分成了长方形的地块。因此，在新区中，除了街道拐角处，其余完全由统一的建筑街区组成。在维也纳老城，街道没有诱人的外貌，没有赏心悦目的户外空间，只是在立体的建筑体块之间虚空的空间。这样，在维也纳的两片老旧城区之间增加了面积，于是充分利用这一时机为众多公共建筑选址，都市需要这些公共建筑坐落于城市中心。从而出现了一连串的建筑"珍珠"，当然不是真实的珍珠，而是仿佛珍珠般的各类建筑组成的集合。在一片三角形空地上，丁香树丛和绿树掩映之中有一座新哥特式教堂。新市政厅也是哥特式的，那哥特式的红砖建筑有些类似旧时吕贝克（Lübeck，德国北部城市）的建筑，重复运用拱门和塔楼使市政厅有如庞然大物一般。市政厅对面的伯格剧院（the Burg Theatre）外观为文艺复兴风格；股票交易所大楼也是如此。最为精致的是 1874 — 1884 年间修建的议会大厦，丹麦设计师西奥菲勒斯·汉森（Theophilus Hansen，1813 — 1891）设计，大厦拥有希腊风格，暗示了古希腊的民主政治。建筑立面上竖立着很多设计精确的科林斯式圆柱，细部处理上比布局和规划更富希腊特色。突出的是：一条巨大的斜坡通向神庙般的中央柱廊。这位折中主义建筑师，曾经在雅典学习并工作过，他在维也纳新区留下了不朽作品——不仅是一座庄严的公共建筑，而且属于奢华的文艺复兴时代多层建筑的设计风格。

在维也纳老城，几百年间房屋越建越高。当老城区在面积上已经无法再扩大时，就必须在本已十分局促的住房上加盖新楼层，直到八层为止。在新城区，在纪念性的街区中规划了多层的公寓式建筑，设计上规范统一，四边全部临街。高度与老城中最高的建筑相同，但减少了层数，房间面积大了，也更高了。新建筑不像老建筑那样具备能够明显判断其修建年代的外观。这类建筑有可能是一年前动笔，一年后还尚未正

城 郊

147

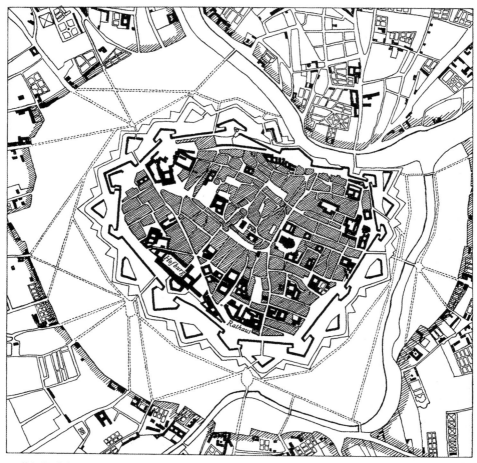

18 世纪的维也纳老城。比例尺：1:20000。图中上端为北。

式开始设计。为了减轻建筑物像棋盘一般过于规律整齐，在立面上增添了文艺复兴风格的细部。西奥菲勒斯·汉森的海因里希肖霍夫居住区（Heinrichshof, 1861—1863）充斥着束带层、壁柱和窗口压条，是维也纳新建筑的样板。第二次世界大战摧毁了大半个维也纳，非常有趣的是拥挤于老城区中那些已是瓦砾的庄严肃穆的巴洛克式风格建筑构成了风景画一般的残骸。炸弹炸裂了砖块和水泥，把埋于墙内的铁梁都炸弯，更彰显了 19 世纪建筑的低劣。华而不实的装饰散落在残

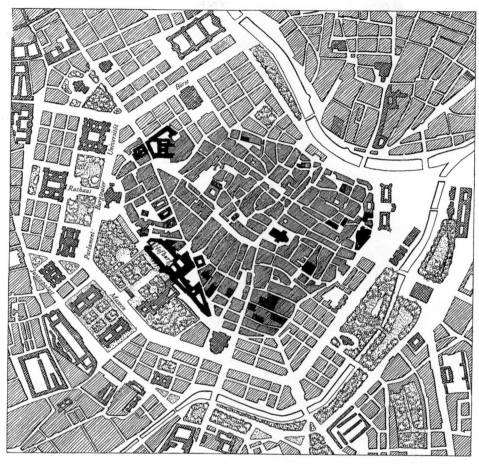

19世纪末的维也纳老城区与环路。比例尺：1:20000。图中上端为北。

垣和尘埃之中。

　　当西奥菲勒斯·汉森在维也纳工作时，他的哥哥克里斯蒂安·汉森（Christian Hansen，1803—1888）正忙于哥本哈根"环路区"（the "Ring" District）里的项目，他设计了大型哥本哈根市立医院（Kommune-hospitalet）——一栋极其朴实的集合建筑，设计概念上具有纪念意义，细部上庄重适度，使用耐用材料构建：墙体为黄色，条状铺砌的红砖没有任何突出的部分。这座位于丹麦首都的医院所蕴含的精神迥异于维也纳

149

城 郊

城墙尚未拆除前的哥本哈根市立医院，根据一幅古画临摹。

的建筑，但两地均有同样的设计难题。与维也纳一样，哥本哈根自17世纪开始便围于无法拓展的多边形堡垒之内，但人口已经增长了5倍之多。城墙范围以外虽有宽阔的空地，但出于防御目的禁止施建。在哥本哈根，问题是如何将老城与城郊联系起来，随着城墙的外移，这一问题便成为了当时亟待解决的一个大问题。

在堡垒围护的哥本哈根老城中，栽植着樱桃树的道路在后世作家的笔下被描绘成最浪漫迷人的仙境。但事实是汉斯·克里斯蒂安·安德森（Hans Christian Andersen，1805—1875，丹麦作家）、瑟伦·阿拜·克尔凯戈尔（Søren Aabye Kierkegaard，1813—1855，丹麦哲学家）、尼克莱·弗雷德里克·塞韦林·格兰德威格（Nikolaj Frederik Severin Grundtvig，1783—1872，丹麦作家）和一群不知名的作家每日徘徊在哥本哈根的大街上，两旁建筑立面的背后已然恶劣到极点。因为城区扩建无望，房屋全都挤压在一处，臭气熏天，卫生条件令人难以忍受。大多数街道都有露天排水沟，排放污水。在汉斯·克里斯蒂安·安德森的童话故事《忠诚的小锡兵》（*The Constant Tin Soldier*）中描述了漂浮在污染河流上的垃圾——毫无疑问儿童在那里嬉戏玩耍实在是太脏了。大多数人住在潮湿的地窖里，喝的全是污水。根本不知洗澡间和公共浴室为何物。

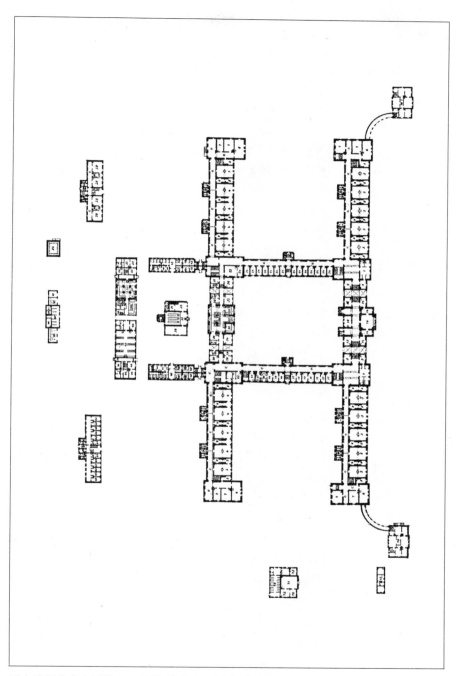

哥本哈根的市立医院。一层平面原图。比例尺：1:2000。

城 郊

　　那时没有几个人认识到生活环境糟糕到了何种程度，更不知道如何加以改善。在其他国家的大城市也面临着同样棘手的难题，任何所谓的"改进"都只是纸上谈兵。一位年轻的丹麦医生埃米尔·霍尼曼（Emil Hornemann，1810—1890）曾经深入考察英国和法国，他撰文研究了城市里糟糕的生活环境，才逐渐引起社会的重视。当时印度爆发的霍乱已经传染到了欧洲，如果它侵袭哥本哈根，那后果将是灾难性的。

　　霍尼曼联合其他一些卫生专家共同争取改善环境。他们最后成功地组建了健康委员会，但是在成员们达成共识之前，1853年瘟疫最终爆发了。

　　在危急时刻，医生们以实际行动拯救城市，他们不仅只是停留在宣传发动层面，而是以大无畏的精神努力工作控制疾病的流行。但是他们的部分工作意义更为重大。霍尼曼和助手们组织将城里人口密度最高区域的居民迁移到城外十座由简易帐篷搭建的棚户区。虽未经警告劝导，拥挤在城里的市民还是自觉疏散到未开发地域。数以千计的家庭住进了帐篷。精确的统计研究证明了：分散人口是避免灾难性危险的最有效方法。

　　低开发程度的土地是卫生专家手头的杀手锏，他们的预测在实践中获得了验证。疾病肆虐时，医疗人员全身心地投入建设低居住率的住区，从而减轻老城中过于拥挤的居住压力。

　　丹麦一位重要的建筑师米歇尔·戈特利布·伯克纳·宾德斯波尔（Michael Gottlieb Birckner Bindesbøll，1800—1856）曾经设计了具有伊特鲁里亚风格（Etruscan style，责编注：公元前9世纪—公元前2世纪意大利中部伊特鲁里亚地区的艺术风格）的彩饰博物馆，博物馆里珍藏有贝特尔·托尔瓦德森（Bertel Thorvaldsen，1770—1844，丹麦雕塑家）的雕塑。这引发了宾德斯波尔对设计平凡项目的兴趣，他规划了全部由两层小独户砖构建筑组成的新住宅区。后来，

城 郊

医疗协会修建的住宅，两平行住宅区之间的十字街。1948 年的速写。

住区面积扩大了一倍，区内设有讲演厅、合作社、洗衣房和幼儿园。最初的时候四周全是空地，现在都变成了闹市，但居住区还保留着它的独特性质。这片居住区在两条放射状主干道之间，用栅栏与街道隔离开，阻止车辆通行。所以，这片地域很少受到机动车辆的干扰。

维也纳的大规模拓建，宣示了在环线区域构建公寓住区。哥本哈根批准的由医疗协会（the Medical Society）提议的建房计划是城市规划原则中最好的实际范例——"人口过分稠密必然是百弊而无一利"。长期生活在维也纳和哥本哈根两市的居民已经习惯于在城防工事围护下拥挤不堪地度日，相信多层住宅是大城市里必然的住所。甚至当哥本哈根的医生们向他们展示其他更好的居住形式时，这一观念都未能打消。尽管他们刚刚经历了传染性霍乱的恐怖，但哥本哈根人宁可去借鉴维也纳的经验，也不去听取医疗专家的建议。

19 世纪 50 年代每个人都清楚哥本哈根的城墙最终必然会轰然倒下，这只是个时间问题。在不远处，也就是所谓"分界线"的另一侧，未加限制的建设热潮

153

悄然兴起。但在界线以内，仍旧严禁营建行为。这样在城区与新建住宅区之间出现了一块开阔的区域，就像维也纳一样。1857年一位私人建筑师首次提交了开发这一区域的第一套理想规划，这一年，维也纳也举办了公共设计竞赛。丹麦人的方案表达了与维也纳规划同样的设计宗旨：宽阔的林荫大道，两边是整齐的住宅区，中间穿插修建广场，广场上是一些围绕对称轴设置的纪念性建筑。工事堡垒之中的整片内城，以及已然演化为城市带状公园的宽阔壕沟和遍植树木的城墙，都将注定会被这一建设规划完全改造得面目全非。

同年，霍尼曼撰文建议应该在更远处营建房屋，那里的地价便宜，确保劳动者的住宅明亮通风。这就是劳动者住所远离城镇的原因。他写道：劳工们可以乘坐火车往返的设想"总有一天会实现"。而且他建议向劳工销售廉价车票，1864年实施的《廉价铁路法案》(*the Cheap Trains Act*) 在英国引入了这项机制。

没人愿意聆听、接受看起来完全属于乌托邦空想的现代理想。政府热衷于卖地搞开发，增加财政收入。当权者愿意解除多年来沿用的营建禁令，作为交换，土地所有者上缴政府50%的土地评估价值。如此一来，国家和土地所有者都乐于搞区域开发。由工程师和艺术家组成的国家委员会 (State Commission of engineers and artists, 克里斯蒂安·汉森也是其中一员) 提出的建筑规划，完全不顾卫生学家的建议；认定应该像老城区一样，密集开发利用新区土地，因为他们担心可能导致城市面积延展范围过大。针对目前最拥挤的城区人口密度，他们拟定的密度标准为300人/英亩（750人/公顷）。人们深信：当改善了包括饮用水和污水排放在内的卫生条件，铺砌了宽阔的街道，完成了部分林荫大道之后，所有事情都会如人们所构想的一样完善起来。

但这项规划也遭到了质疑。汉森的同事费迪南德·

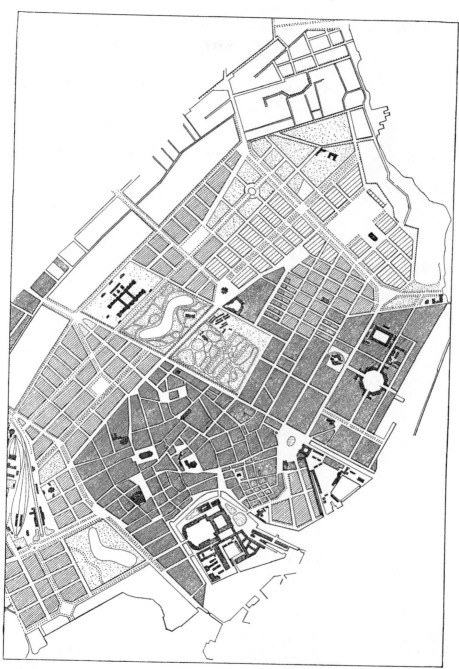

哥本哈根，国家委员会 1865 年的规划。比例尺：1:20000。

城 郊

哥本哈根沿湖泊广场（Søtorvet）的建筑物。

迈达赫（Ferdinand Meldahl, 1827—1908，丹麦建筑师），也是艺术学会（the Academy of Art）的成员，他雄心勃勃出版了他的规划方案，提议将整片城防工事作为绿地加以保留，老城区以外在宽阔的林荫大道之间兴建重要的住宅区。这一倡议获得了许多人的支持，但最终采纳的却是折中方法。政府不会无偿地将土地给予市政当局，城市也负担不起建设绿地所需的大笔资金。结果是：部分土地改造成了公园，一部分贫瘠的土地卖做了建筑用地。几个世纪以来的城防壕沟现在惨遭填平。土地仍为私人所有，因为开发土地要缴付50%的土地评估价值，所以土地所有者会高密度地利用土地。迈达赫成功地在建筑法规中增加了一项条款，允许房屋为装修檐口增加4英尺的高度。这一条款获得了广泛的应用，所有的建筑都增加了皇冠似的屋檐，从而愈加高大。在维也纳，建筑立面上添加了大量的装饰。房屋宏伟的正面、圆屋顶和塔楼面对着人工湖，几百年间一直是城市的风景线。华而不实的装饰背后（当时非常廉价，但后期维修费用却很高）是哥本哈根最贫穷、最简陋的住宅区——狭窄的天井庭院、阴暗狭小的房间。

从拆除城墙那一刻起，就开始讨论启动原有工事区域的规划，但毫无建树。有很多难得的好机会都被浪费了。一百年前就有卫生专家认识到住宅区内密集排布房屋的后果有多可怕，他们在口头及书面都表达了担忧，也有像汉斯·克里斯蒂安·安德森这样的优

哥本哈根的湖泊广场。
1948年的速写。

156

迈达赫 1866 年 1 月时所做的规划。比例尺：1:20000。图中上端为北。

城 郊

拆除城墙后典型的城郊住宅实例。两居室加厨房楼梯间，楼梯间像塔楼一样突出伸向庭院。剖面图比例尺：1:500。天井院落比路易十四时期的"小"马尔利宫殿的中央大厅大不了多少（参见第75页）。

秀建筑师在从事建设。国家和城市虽拥有许多土地，但他们只会粉饰立面，掩盖昏暗、破烂的房屋。这种过分稠密的情形起因于城防工事的限制，竟成为城市一种负面的常态。最终关于控制新城区人口密度过高的问题上升到了立法层面，实践上所有人都支持采取措施。是不是哥本哈根已经走上了向大都市发展之路？可柏林、巴黎和维也纳的情况依旧更糟。

安德森这样的建筑师所能做的就是：坚信他所创建的市立医院就是医院的样板。医院的多座建筑带有

参见第 151 页平面图。

158

侧面走廊，并以最自然的方式连接起来。建筑肯定是分为男、女两部分的对称结构，但也并不绝对。所有的病房都在向阳的一侧，另一侧是厕所和安装特殊设备的房间。建筑立面的变化规律简单，两扇大窗户、一扇小窗户交替排布，清晰地反映出房间的大小。公共休息室全都设置在中央，圆屋顶的正下方是医院的礼拜堂。下层是手术室和行政办公室。再后面靠近病房的是厨房、浴室和洗衣房。医院谨慎调整好与环线街道的位置关系，主楼后移以规避大街上嘈杂的噪声，大楼两端是医生的小房间。

　　当时普通的住宅竭尽全力与早期的宫殿争奇斗艳，滥施装饰，医院朴素的外观几乎令人乏味。在维也纳，西奥菲勒斯·汉森威严壮观的议会大厦适合富裕强大国度的首都。反观克里斯蒂安·弗雷德里克·汉森的庄严建筑是为袖珍帝国端庄的首都量身定制的，协调一致的设计与施工堪与前代的伟大不朽之作相媲美。

皇家宫殿素描，巴黎市中心是一座大型的封闭花园。

巴黎的林荫道

PARIS BOULEVARDS

　　历史上，孚日广场（the Place des Vosges，最初是"皇家广场"（the Place Royale））是所有巴黎人的社交场所。广场上还举办各类竞赛，友人们在柱廊下悠闲地漫步。不久亨利四世营造的皇家广场渐渐过时。城区向西发展（很奇怪，多数都市都是如此）。宰相黎赛留18世纪修建了宏伟的大主教宫——由四座统一外观的大楼围合而成，中央是长方形的公园，黎赛留1642年死后，他的宅邸成了国王的财产，重新命名为"皇家宫殿"（Palais Royal）这个令人印象深刻的名称。在一层，柱廊围绕整个建筑。车辆不能进入广场，人们必须从邻近街区步行穿过柱廊进入广场。这里人气很旺，成为在林荫和柱廊之间闲庭信步者的聚集地。可不久这里成了异常龌龊之所，大革命前夕，皇家广场云集着娼妓和赌徒。在大变革时期，这里成为了街头论坛与新闻中心。一位英国观光客在家信中谈及："皇家广场上整天聚集着摩肩接踵的人群，密集程度竟到了若从房屋阳台掉下一个苹果，一定会砸到下面众人的头顶，根本都落不了地。"至于连环拱廊里的书店，他又写道："场面混乱难以形容，每小时发生的事情就能写出一部新书。"

大革命中乱民们发布的统治政令就是从皇家宫殿中发出的。拿破仑失败后，皇家宫殿在城市生活中仍旧占据着重要地位。巴尔扎克（Balzac，1799—1850，法国小说家）的小说描绘了在"资产阶级国王"（bourgeois King）路易·菲利普统治时期的英雄们沉湎在赌场中，希望赢回浪费掉的金钱财富。

但是越来越多的此类封闭式绿荫广场让位于开放式的林荫大道。之前，林荫大道标志了首都的外围边界，但是现在它们被道路两侧的新区所环绕。林荫大道是绝佳的漫步场所，沿路之上咖啡馆、休闲娱乐场所一片繁荣。从那时的图片看，欢愉友善的场景颇具小城氛围。新的专制政权仅仅辟建了少数几条道路，但却改变了林荫大道的旧貌。巴黎已经成为资产阶级的乐园与地产投机的市场。至少看看那许多的剧院、咖啡馆、舞厅和其他引人入胜之地，肯定会令人惊愕不已。展现在人们眼前的一幅幅图景像施了魔法一般，不仅反映了资产阶级的幸福愉悦，而且也是疯狂大都市生活的写照。巴尔扎克小说的读者被跌宕起伏的情节"旋涡"深深吸引，被作家描述的生活整得目瞪口呆。他揭示了勋章背后的内幕情节——资产阶级专制统治不断遭受骗子和强盗的劫掠、骄奢淫逸与贫困堕落的侵蚀。人民生活充满了动荡和欺凌，毫无幸福可言。随着拿破仑时代逐渐消逝在历史往事之中，它留给法国人民的是英雄式的荣耀。人们忘掉了生活的苦难，憧憬国家美好的未来。路易·菲利普落成凯旋门（the Arc de Triomphe），并将拿破仑的遗骸接回巴黎等举措，借以缓和民众的不满。他的目的都是为了将自己掩映在一代雄主的灿烂光环之下。他愈加想讨好民

巴黎的林荫道

路易·菲利普时期正在逛街的巴黎绅士，内著束腰胸衣，身披深红色丝质衬里的大斗篷。背景是土耳其风味餐厅。

众，满足他们称颂拿破仑时代的愿望要求，反而愈加速了下台让位的步伐。起初对人民而言，谁当国王无关轻重。路易—拿破仑·波拿巴（Louis-Napoléon Bonaparte，1808—1873，法兰西第二共和国总统、法兰西第二帝国皇帝）像业余演员表演歌剧似的，曾多次谋划政变。他在狱中还写过几本书，读后使人觉得他除了自命不凡，还缺乏政治家的睿智头脑。但是他和他的支持者凭一时之勇，利用巧妙的宣传鼓噪，力量不断壮大，越来越走上政治前台，最终竟当选为共和国的新总统，开辟了登上皇帝宝座的道路。

获得了最高权力之后，最重要的是巩固地位。自从路易十四时期发生福隆德运动以后，巴黎便见证了多场街头巷战。1848年革命当中，卫戍部队被竖立在狭窄蜿蜒小巷中的路障所阻，大炮无用武之地。如果换成笔直宽阔的大道，射击时将没有任何阻碍，可以最高效地弹压暴乱。初登大宝的拿破仑三世就是通过革命登上皇位的，他深知攻防的重要性。他采取措施稳定统治，防止军事变乱。就任总统后，立即展开了新巴黎的城市规划，修建笔直、宽阔的大街，以往那种街头巷战顿时烟消云散。他的第一项工作就是延长拿破仑一世时开辟的里沃利路，新辟与里沃利路成直角交叉的斯特拉斯堡林荫大道（Boulevard de Strasbourg）。

拿破仑三世向市民提出的口号是美化巴黎，他知道这项计划会获得普通市民的欢迎。但是上流社会并不十分热心。因此，关键是寻找到一位重量级人物能够担此重任，并且筹措到工程所需的巨款。

1853年终于确定了人选——带有德国血统的乔治—欧仁·奥斯曼（Georges-Eugène Haussmann，1809—1893，法国城市规划家）。这个人是拿破仑三世的拥护者——内政部长佩尔西尼公爵让·吉尔贝尔·维克多·菲埃兰（Jean Gilbert Victor Fialin, duc de Persigny，1808—1872，法国政治家）选中推荐的，他这样描述奥斯曼——"魁梧、强壮、精力充沛，足智多谋，敢作敢为，困难在他面前总是迎刃而解。一起促膝交谈时，他表达了愤世嫉俗的观点，我无法掩饰发现'千里马'的喜悦。我会自言自语：这就是我们需要的人才。他不会因过多考虑方式、方法而瞻前顾后，无论工作对象是满脑子理论与偏见的经济学家、奸猾多疑的刁民，还是股票交易者或者司法界人士。名声最是显赫、最为谨慎而且意志坚强的贵族也注定要失败，这位钢筋铁骨的硬汉胆大心细，智慧超群，必将取得胜利。我相信那些狐朋狗党蓄意破坏皇帝陛下崇高事业的图谋必将破产。"

奥斯曼成为了拿破仑三世的忠实干将。他俩之间互相理解。皇帝设立了一个专家委员会考评城市规划事宜，以打消疑虑。奥斯曼参加了第一次专家会议，会后，拿破仑三世专门听取了他的意见，他说："陛下，我认为专家会议的参会人员过于庞杂，最微不足道的小事都很容易演变成冗长的长篇大论，根本不是那种能给我们启迪的简短报告。如果委员会由陛下亲任主席、塞纳区区长（the Seine Prefect）担任执行秘书，负责将各种问题汇总给委员会，并监督执行情况，如此一来，工作将更为顺畅地推进。应该尽量减少君主与忠实奴仆之间的人员。"皇帝笑道："换句话说，最好根本没有其他人。"奥斯曼回答："没错，我就是这个意见。"皇帝说道："我相信你是对的。"

奥斯曼在回忆录中摘录了上述对话，然后写道："此后，我就再没有听说过委员会的任何消息。"

现在已经为皇帝的心腹扫清了道路。

大刀阔斧的城建规划早已成竹在胸。全城的新建道路均采用林荫大道的形式，宽达30米，甚至更宽。巴黎最初是罗马人在陆路与水路交会处的塞纳河交叉口（Seine crossing）营建起来的。中世纪时的原始规划图无从可考了。穿过复杂的路网，拿破仑三世开辟了一条主干道跨越了河流与岛屿：斯特拉斯堡林荫大道—塞瓦斯托波尔林荫大道（Boulevard de Sebastopol）

巴黎的林荫道

身着制服的乔治—欧仁·奥斯曼。作为塞纳区区长，他不仅是巴黎的主要行政负责人，而且还是政府官员，皇帝是他唯一的顶头上司。

参见《奥斯曼男爵回忆录》（*Mémoirs du Baron Haussmann*）第二版，第57页。

163

巴黎的林荫道

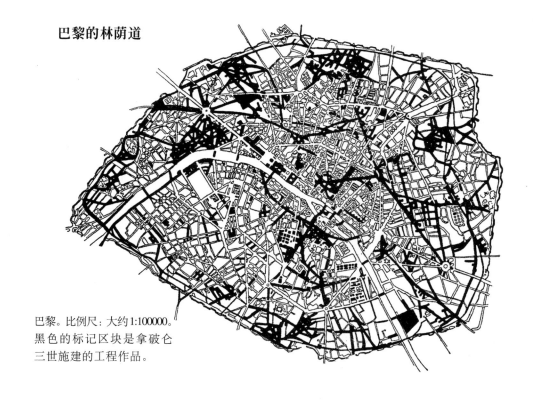

巴黎。比例尺：大约1:100000。
黑色的标记区块是拿破仑
三世施建的工程作品。

—圣·米歇尔林荫大道（Boulevard St. Michel），全长
达4公里。对应于塞纳河河岸右侧那些曾经是城市边
界、富有历史性的林荫道，圣日耳曼林荫大道
（Boulevard St. Germain）穿插过河的左岸。对应于通向
玛德莱娜教堂（the Madeleine）的旧林荫道，对称开辟
一条朝向西北的林荫道。对应于西北方向的星形广场
（the Place de l'Etoile），在东南方向规划了一座类似的
广场。甚至在城市的外围区域都有笔直的林荫大道。
　　拿破仑三世倡导的林荫大道给人印象最深刻的
是：工程终于实际开工建设了。这是非凡勇气与力量
的丰功伟绩，堪与国家在战时集中全力瞄准一个目标：
倾国支持部队英勇作战相媲美。这是独裁统治者参与
决策的典型案例——独裁者就是宏观上的城市规划者：
立竿见影的建设成果震惊了世界。皇帝亲自制定的城

规方案没有前期的调研，全凭皇帝的绝对正确。据估算，拿破仑三世在位的 17 年间，巴黎庞大的公共工程耗资 25 亿法郎。政府补贴还没计算在内。在政府征用土地之前，私人建筑承包商已经拆除旧建筑，修建新建筑，开辟出林荫大道，随后交付政府使用，政府分期出资清偿工程费用。为了筹措资金，承包商在承接工程之前需同意先借款给政府。

出现上述情况仅仅因为奥斯曼是塞纳区区长的特殊地位。他虽不是政府部长，但在内阁中占有一席之地，直接对大权独揽的皇帝一人负责。奥斯曼找到了基本正确的方法来执行皇帝的规划，同时皇帝保护并支持奥斯曼。

从理性的角度分析，拿破仑三世的整项计划是非常业余的，城市规划就是在巴黎地图上放一把尺子勾画完成，有时将大片的区域从住宅区里切除，根本不去顾及成本。

单单购置土地修建歌剧院一项，竟花掉 3000 万法郎（差不多相当于今天的 500 万英镑），而基地还并不太理想。林荫道和街道非常宽阔，活泼的街景令观光客兴味盎然，因为他看到过很多不合理的道路急转弯造成了交通通行的困难。这属于技术角度的设计不良。拿破仑三世的城市规划中所包含的几条防火带穿过了城区的森林地段，但没有破坏林地。这场大规模的城市改造涉及了清除贫民窟和改善交通，为失业者提供就业机会，让大家都有饭吃。巴黎正在发生的伟大变革使所有人都感到了骄傲与满足。政府为了推进工程实施不择手段，竟然招募枪手称颂社会成就——填满了见利忘义的投机商的钱袋。最终竟还是老百姓买单，从老旧建筑中的窄小陋室，搬到更狭小、更恶劣的高大新居，窗户开向阴暗的天井，根本看不到林荫道上的美景。在错误的场地上靡费了人力与金钱。城市依旧拥挤不堪，正确的解决办法是在一片更广泛的地域上延展。拿破仑三世和奥斯曼曾经尝试此举，但未能

巴黎的林荫道

拿破仑三世在专制时代巴黎城的基础上修建了属于他的巴黎城。这幅第二帝国时代的巴黎市景展现了林立的伟大宫殿。前面是杜伊勒里宫（与第57页相比较），右侧是与卢浮宫相连的卢浮画廊，左侧是里沃利路。右后方是新桥、亲王广场（与第61页相比较）和巴黎圣母院。

成功。他俩都没能成功利用大众公共交通运输工具——火车来加速城市拓展。他们害怕将铁路引入城市中心，他们认为铁路仅仅是城际交通工具，拒绝承认铁路对区域交通的重要价值。18世纪的财政城墙（fiscal wall，责编注：又称"包税人城墙"（toll wall），为增加财政收入，路易十六时期批准修建新城墙，由包税人向进入城内的商品征税，从而大幅提高了政府的财政收入）

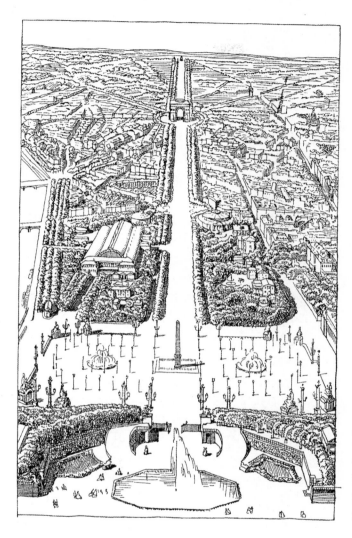

巴黎的林荫道

作为巨型轴线的香榭丽舍大街，自路易十四时代从杜伊勒里花园开始向西修建。背景中，杜伊勒里花园后面是协和广场，这座广场最初是为了纪念路易十五——现在他的骑马雕像已经被方尖碑取代。瑰丽的大街通向星形广场上的凯旋门，从这座圆形广场向外辐射出 12 条道路。

将城市紧紧封闭在护城栅栏之内。后来铁路不得不只能修建在城外。拿破仑三世所崇尚的是倒退与保守的理想。在教皇西斯托五世（参见第 48 页）主政时期的罗马，城墙范围内只有很少一片区域供人居住，有一项出色的构想是实现贯穿全城的通路，以便远道而来的徒步朝圣者能够找到通往一座座大教堂的道路。但在 19 世纪的巴黎，若还主要考察早期的交通运输形式

167

巴黎的林荫道

就显得有些迟晚了。当时巴黎的交通不是用来改善人民生活的，上流阶层乘坐着华丽的马车招摇过市。清除贫民窟之举拆除了城里3/7的房屋，规划了宽阔的街道，在更为狭窄的地域上修建了容纳更多房间的建筑。部分空地用于咖啡厅、饭店和商店，主要设计服务对象首先是游客。新建筑的租金很高，因为要支付购置土地资金的利息以及拆除旧房子、盖新建筑的费用。高额投入的成果主要是改进交通设施，并非提高民众的居住条件。

19世纪的建筑还达不到拿破仑一世时期的标准。甚至远远低于18世纪。简陋寒酸的建筑都被树木隐盖住了。整个巴黎就是一个公园系统——遍植树木的街道将一座座大大小小的独立公园和花园连接起来。早期保留下来的公园已经不多，奥斯曼一番大兴土木之后，所剩更是寥寥无几。1922年，时年78岁的阿纳托尔·法郎士（Analole France，1844—1924，法国作家）回忆童年时代在拿破仑三世之前的巴黎时写道："那时的巴黎比现在要其乐融融。房屋低矮，花园众多。到处都可以看到古老墙头上闪现着乡村风格大树的树梢。一栋栋建筑风格各异，每一座都散发着古色古香的气息。有些曾经美轮美奂的房子，虽时过境迁仍然保持着一种高贵的忧郁。"在拿破仑三世统治下，低矮的房舍、乡村风味的树梢都已消失。沿着新修的宽阔林荫大道，路边栽植着成排的城市树木。如果将街道上的树木想象成整排的士兵，即可唤起公众的浪漫情趣。拿破仑三世的景园设计师让—夏尔·阿尔法德（Jean-Charles Alphand，1817—1891）重塑了巴黎郊外所谓"英国风格"的布洛涅森林（Bois de Boulogne）和温森尼森林（Bois de Vincennes），那里原有曲折的步道和不规则轮廓外形的湖泊。在古代画作中，我们可以看到那里美丽的景色，唤起我们对昔日法兰西景观成就的回忆，体味出阿尔法德作品的平庸。业余设计水平被贴上了权威的标签，大批人力精心筹备与执行的竟

巴黎的林荫道

拿破仑三世统治期间开辟了多条新林荫道，政府斥巨资移植了树木，在成排的高大树木之间驾驭驰骋使人愉悦。

然是最幼稚的构思。

　　巴黎东北的一座公园，可以作为那一时代的典型代表。公园位于清冷静僻的城郊。宽阔的马路竟没有任何车辆，树木也是格外晦暗。树下人们懒洋洋地玩着跳棋，蓬头垢面的孩子们围着大人嬉笑打闹。拿破仑三世规划的公园与北京的御花园一样充满想象力。早先这里是荒僻的乱葬岗子，大量的石灰尸坑形成了巨大的地面凹陷，过去是杀人的法场。现在则是一处公园，公园里有一座湖泊，湖中耸立陡峭的石岛，岛上修造了人工石窟、瀑布，一条石径蜿蜒而上，最高处有一圆形的殿宇，四周树木环绕，站在上面举目四望整个巴黎一览无余。一架缆索渡船将孤岛与湖岸连接起来，另外还架起了一座纤细的悬索桥和一座类似于古代遗址的吊桥。秃山公园（Parc des Buttes Chaumont）是死气沉沉的巴黎郊区的通气孔，儿童们将这里作为游戏场地。一辆小驴车往来于曲折的小径之间，只需一两枚铜板就可以坐享公园浪漫之旅。孩子们围在冷食摊儿周围觊觎着糖果和柠檬汽水，母亲们则坐在湖边的婴儿车旁边……

这幅插图描画的不是遭受巴黎新规划区业余设计水平伤害的受害者向拿破仑三世递交请愿书，而是皇太子授予皇帝勋章，表彰他为在1867年世界博览会期间展出工人住宅模型所做出的杰出贡献。皇帝为了表彰这桩丰功伟绩，专门设立了奖项，自己当仁不让地摘取了大奖。既然他的成就得到了等级最高的奖励，于是推选他的小儿子——博览会主席在1867年6月1日举行的18000人大会上为他父亲授奖。

巴黎的林荫道

在秃山公园里，从湖水中耸立起一座陡峭的石山，山顶上是一座殿宇。根据拿破仑三世时期的浪漫景致摹写而成。

1937 年时秃山公园的素描。注意山顶上葱郁的植被与上面早期的插图对比一下可以发现：左侧高大的杨柳在一定程度上减小了人工山岬的大小。

巴黎仍旧富有森林气息，但这还是无法解释巴黎为何如此受人青睐。在拥挤的城区，人们宁可在敞亮的大街上多消磨时间，也比憋闷在家里强。他们早上很晚才起床，衣冠不整，睡眼惺忪地靠在落地窗的栏杆旁边。商店把商品堆放在门口，吸引顾客。甚至最小的饭店也摆上露天咖啡座，顾客可以坐下来就餐，欣赏街景。搭建着各色遮阳篷的户外咖啡座似乎排满了整条街。一部分林荫大道的中央设置有蔬菜市场，勤俭的法国家庭主妇来回穿梭讨价还价。一个人牵着几头灰色大山羊招摇过市，有主顾招呼，就当场挤奶售卖。这便是城市鲜奶的奶源。市民的性格和善，喜爱与人交往，可就是有点饶舌多嘴。巴黎城里的孩子不多，那些令人钟爱与称赞的环境并不适宜孩子成长。在巴黎，所有的咖啡馆和餐厅从一早营业直到深夜，便于观光客游历这座快乐的城市。

从飞机上或者塔楼上鸟瞰，巴黎遍布高楼大厦，其间点缀着水井般阴暗的庭院，还有从巨大的圆点辐射出的宽阔林荫道。而伦敦居民区的鸟瞰图则是另一幅完全不同的景象：长排的二、三层高的毗连房屋，后面是狭长的园地，街道和花园里有许多儿童在嬉闹。

与几百年前一样，19 世纪的伦敦发展完全不同于巴黎。在伦敦，没有自上而下的独裁政令会打断穿插古老街道的新道路。在个人积极主动性的推动下稳步拓展城镇，在边远的社区与纯粹商业区的伦敦城之间建立交通运输方式。1834年，伦敦与格林尼治之间的第一条城郊铁路线建成，紧接着出现了一股修建铁路的热潮。到1845年伦敦已经有超过19条铁路的规划方案。1854年第一条地铁线获得了批准。这证明铁路是扩散城市的有效工具。

这样，伦敦与巴黎继续各行其道。在拥挤不堪的巴黎城，林荫大道像巨大的纪念碑一样铭记着集权政府；而在伦敦，愈发扩散的城市经由地铁将居民输送到偏远区域——在一定程度上与巴黎的林荫道一样取得了同样的成就。

巴黎的林荫道

巴黎的餐馆，坐落于亲王广场上一栋建于亨利四世时代的老建筑中（请参见第56～60页）。餐馆不大，但它那狭小的厨房却能提供一长串的各种美食。露天咖啡座面朝塞纳河以及一座古老幽静的广场，广场上遍植树木。户外屈指可数的几张餐桌总是被各色客流轮番坐满。可能一张台子围坐的是几位正在邻近工作的工匠，另一张周围是美国游客，第三张是穿着彩色工作服和天鹅绒裤子的几位法国艺术家，第四张坐的是一对丹麦夫妇，他们在友好的民主氛围中体会到了宾至如归的感觉，更加增添了对美食的热情。

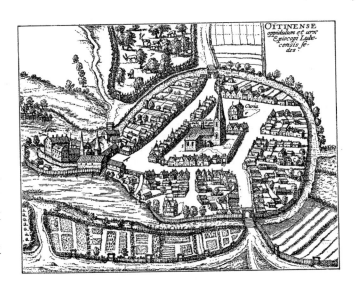

在中世纪的城镇，不存在"土地价值"（land value）一词。是土地上的建筑，并非土地本身，属于有形资产。图中的城镇由左侧的城堡以及围城栅栏加以保护，城镇的土地由于已经不能耕种，便丧失了价值。唯有教堂拥有大量的城市地产，他们将围绕教堂的大片土地分成小块出租为市场摊位，从而攫取城市地产的经济利润。

土地与投机
LAND AND SPECULATION

自中世纪以来，城市形态已经历了多场变化。简而言之，可以说中世纪城镇的外形通常是由防御性的工事堡垒和城墙决定的，文艺复兴时期的城市也基本如此。但到了专制主义统治时期，要求建设有代表性的统一城市形态，体现新的中央集权政府。另一方面，在 19 世纪，大多数城市都留下了土地投机的印记。那一时期，众多住宅建设计划的主要目标既不是保卫城市安全，也不是装点美化环境，更不是为居住者提供优雅的居住环境；唯一目标就是为建房者提供安全的巨额收入。20 世纪，我们想尽办法试图挣脱投机的潜网，将城市建设得更加令人身心愉快和健康宜居。

在中世纪，获取土地是轻而易举的事，土地资源绰绰有余。土地的价值取决于是否适宜耕种，一旦撂荒将一文不值。因此，将会在没有价值的土地上修建房屋，土地根本不可能是投机行为的目标。只有房屋可以买卖。

教堂首先认识到：城市土地是可以买卖的。教堂占有大片的城市地产，教产作为圣地迎来全国各地朝圣者的崇拜，因此拥有特殊价值。将教产分割为小块，设立了很多摊位销售蜡烛、圣像，甚至日常商品，从而获取丰厚的利润。不久，教堂周围出现了一群小房子，教堂附近富足的生活更强调了神圣场所庄严伟大的特质。

然而，城市地产不会售卖。自中世纪早期，城市理所当然地拥有土地，从住房和用地两方面收取租金。承租人首先签订一年的契约，并暗示有权一年年地续约。城市与农村一样逐渐发展起这种租用形式，租期若干年或长达终身，租金仍以年租金的形式支付。现在，英国还保留有此种租地形式的遗风，城乡土地签订长期租用契约。土地所有者仍保留着土地所有权，并通过租赁获得固定的收入。土地所有人可能是独立于个人之外的一座城市、一所大学、一个行会、一座教堂、一个基金会或其他长期性机构。

专制主义依靠政府的支持，聚敛起大量的权力，它对土地租赁的契约条款不感兴趣。因此，中世纪的欧洲大陆，租赁制度已经渐渐不复存在。城镇、大学和学校丧失了从城市地产获取收入的来源，因此日益依附于政府。

哥本哈根的发展非常典型。长期租赁一度是那里的租地规则。16世纪早期，固定租期的租赁形式消失。取而代之以内容清清楚楚的老式契约，规定了谁使用土地谁就是承租人，具有明确但有限的权利。有些模糊不清的新条款使承租人具有土地所有者的某些权利，只要他们交付每年的租金，如果愿意的话有权出售土地。原土地所有人和新主人都感觉非常满意。前者每

土地与投机

年继续获得租金，并不负担任何责任；后者可以无条件地使用土地，并在必要时有权出售。对二者而言，这种交易矛盾摩擦最小，可取得最大的运作自由。但这种操作方式也产生了一个致命的误解——租金一旦固定，金额就一成不变。有一项因素土地所有者未有顾及，那就是货币贬值——通货膨胀，的确没人考虑到这一因素。最初时年租金还算是一笔有形资产，但是随着货币购买力的日益降低，租金逐渐缩水，最终只不过是土地所有者一笔微薄的名义收入。1688年，哥本哈根人开始抱怨租金收入的不足。在英国，城乡土地长期租赁方式从未停止，但每次租约到期都会提高租金。但是在哥本哈根，甚至没有人想到提高租金的可能性。相反，1725年，市议会在国王授权下竟与租赁者商谈交纳一次性租金，一劳永逸地解决土地租赁问题。若不是当年取消了租金，今天的哥本哈根可能已经是一座异常富裕的城市。18世纪的城市官员就会根据房地产价值的提高相应增加土地租金。前文已经提到，教堂当时也是一个大土地所有者。但是在宗教改革时期，教堂丧失了它的大多数地产。许多教产通过支付年租金的形式已经转移到私人手中。这样，城市与教堂逐渐丧失了土地所有权。但是当时没有人意识到实际发生的状况，因为这一过程经历了几个世纪的时间。

显而易见的是，伴随着中世纪国内经济的倒退，市政当局愈发冷淡房地产。在封建制时代，一般都免除了政府官员的住所房租，同时有权耕种城市所有的土地。现在是发给官员薪金，工资来源是税收。城市就毫无必要再占有土地了。城市也没有必要以占有地产的方式来便于推行确保建筑商品质量的建筑法规，这一点可以通过制定建筑法律和规章加以实现。事情看起来很容易，但具体落实非常困难。商人只是考虑他了如指掌的真实商品，不会像玩弄纸币价值的投机者那样轻易陷于危险的境地。城市很快发现自己陷入了投机者的境地。

　　城市之前从未面临过 19 世纪时出现的巨大困难。也没有人真正意识到困难的存在。相反，却是如释重负般松懈下来。行会与国王强加给城镇的枷锁桎梏已经瓦解，贵族的特权也已衰微，属于新企业家与银行家的时代正在露出曙光。每个人都欢呼雀跃，相信重大的技术进步能够为人类带来幸福与繁荣。以往精雕细琢的手工产品现在都改为机器生产，廉价劳动力负责操作机器。大批的工人劳动力涌入城市中心，从而产生了对廉价住宅的需求，需求量之大闻所未闻。

　　每个依靠工资糊口生活的工人家庭，必须居者有其屋。他们不仅需要获得最简陋的居所，而且还要支付大量房租，拥有住房成为了奢侈之物。但没有人关心土地投机或是感觉房屋建筑有何失误。如果任何人提及贫困者简陋破烂的生活条件，社会能给予的答案就如同德国历史学家海因里希·冯·特赖奇克（Heinrich von Treitschke，1834—1896）1873 年在一本介绍社会主义及其追随者的小册子里写到的"每个人首先对自己的行为负责，即便是穷人在陋室中也能够聆听到上帝的声音"。这是自然的秩序，也就是说是上帝的意愿安排——有些是富人，有些是穷人。像专制统治者一样去干扰经济规律是没有希望的。你可以通过基督教的慈善博爱尽力去改善贫困者的生存条件，通过救济施舍接济那些值得同情的人，他们的命运就是生活在社会丑恶黑暗的侧面。总之，天意定会确保进步，而不是维护旧制度的卫道士。如果不是人类的横加干扰，我们对生活必需品的支出是稳定的。拜技术进步所赐，产品远远供大于求，而且价廉物美。供给与需求之间的关系决定了价格高低，当需求量大增时，生产产品

土地与投机

的利润会上升，将采纳各种新工艺、新方法，随着供给的增加，价格于是回落。

可是这一理论并不适用于住房和建造房屋的土地。在欧洲大陆，当然需要土地修建工人居住的小房子，随着大多数城镇的发展已经超出了旧城市的界限范围，有充足的土地可供使用。但是地价昂贵，随着房地产价格的上涨，连便宜的小户型住宅都买不起了。建筑基地是既不会变质，也不会落伍的商品，也不像其他商品那样买回家就会贬值。城市人口的激增使所有城市土地所有者信心倍增，迫切期待开工建筑一刻的到来。当然，把持住土地，直到最高强度开发土地时获得最大的利润。其他商品没有这种可能性。营建起房屋未来就会有利益回馈。不事生产的土地投机者肯定能够大捞一把，子孙也会因先人的远见卓识获得回报。

换句话说，土地的价值与能够挤压堆建起的房屋数量成正比。没有哪个傻瓜会低价抛售土地，那样无利可图。如果地产主实在无法坚持到土地旺销时机的到来，他也会将土地卖给有实力等待的商业伙伴，或是向放贷公司办理抵押贷款。地产是很强手的担保品，在普鲁士和丹麦，成熟的信贷机构甚至可以为最小的地产所有者办理贷款，使其从繁荣的地产热潮中获利。

欧洲大陆城市的典型发展模式如下：首先，在城镇的郊区划定出新开辟的街道。安放污水排放系统，还出现了人行道上的路边石与路灯杆。通常是坐落于拐角处基地上的建筑最先施工，一栋栋房屋迅速拔地而起，直达当地法律允许的最高高度。空旷的田野里一幢幢孤立的建筑就像是鬼魂一般，光秃秃的高大界墙朝向长满蒿草的邻近基地，显得有些阴森可怕。土地遭到污染，无计可施。投机房地产修建起的铺砌着石子和水泥的阴冷木板棚屋广遭诟病。现在，有谁愿意在光秃秃的高大界墙阴影笼罩下自寻烦恼地修建小花园房舍呢？地皮可能闲置 10 年、20 年，甚至更长，但最终还是会拥挤地盖满高耸乏味的房屋，住满面色苍白、身心疲惫的工人。

当初，贫民区的出现就是独户住宅日益破败，沦为出租屋，一间房内常常住着一大家子人。伦敦的情形就是这样。在欧洲大陆，地产的发展稳定了不断恶化的条件，偷工减料建起的棚户住宅区里满是缺乏光照、通风不畅的公寓房间，简单的改良就是通向一块小花园，或是仅仅可以看到一片绿树。最初，大大小小的公寓都混建在一处。条件较好的公寓，客厅朝着街道，两侧的卧室面对庭院；然而后面的建筑是便宜的公寓，面对的是一处狭小的天井。这便是哥本哈根旧岛区（Gammelholm）的情形，房屋于老城墙拆除之前建成。早先，社会人群以楼层分隔分为"前房客"（front house tenants）与"后房客"（back house tenants），但后来出现了阶层划分。涌现了宽敞、豪华的时尚住区，同时也出现了整片的工人居住区，两片区域的特点都是高强度的土地开发，这种情形在欧洲大陆的城市非常普遍。

土地投机具有巨大的能量，它能使房屋密密麻麻地聚集一处，并建得高耸蔽日。拿破仑三世和奥斯曼曾经利用它实施巴黎城市建设。在维也纳，沿着后部建筑黑漆漆的走廊修建了大片的单层公寓，公寓后面是二层或三层的楼房。柏林按照标准住宅类型也为广大劳工阶层提供了一室的公寓。

在哥本哈根，多为两室的公寓。建筑规章竭力停建最差的住宅类型。一室公寓沿着狭窄漆黑的走廊一字排开，老城区也曾禁止此法兴建。为了避免出现条件过分恶劣的后部房间，于是压缩新区街道之间的距离，从而减少了房屋基地的宽度。另外，制定新法规

土地与投机

内部庭院反映出哥本哈根旧岛区后部住宅建筑物之间的距离。前面房屋里的房间宽敞，而后面的房间狭小。每扇窗子后面就是一户住家，像图中一样，这样的住户只能看到天井。

土地与投机

哥本哈根旧岛区的庭院住宅。

确保新建筑的充足光照，但是建筑规章仍显不足。与大多是人一样，立法者也相信高密度建设房屋是大城市的自然现象，他们想不到通过立法手段使建筑发生革命性的改变。首先，可以限制土地所有者随心所欲地滥用土地，有时已涉及公共健康问题。事实上，新的建设规章是推动住宅房屋建设，而不是阻碍限制发展。法规条款预设的是构建多层建筑，但是法规要求大大提高了独户住宅的建造成本，高昂的管理费用益使营建愈加困难。

换句话说，自由放任型经济是无法提供低价土地修建廉租住房的。建筑立法对救助社会贫困阶层也是无能为力。土地所有者及其支持者组成了非正式的卡特尔联盟，将穷人所需的房屋全部垄断，操纵在手。穷人唯一的出路就是自己成为土地的主人，尽管他们的经济实力弱，但他们是人口的主体，通过联合集结起了力量，从而成为重要的经济要素。在英国，工人协作建房协会（Workers' Building Society）组织起来购买土地，为广大成员兴建住宅，其他国家的工人也随之行动起来。

直到 19 世纪后期，哥本哈根市政当局针对如何参与建设的立场观点才发生了改变，批准城市购买土地，构建标准工人住宅。19 世纪末，又购买了老城区范围以外的大批农场，这一举措对未来的发展发挥了决定性作用。随着城镇不断向开阔荒地拓展，市政当局可以相对便宜的价格卖掉土地投入合适的产业。这一举措拉低了私有土地的价格，最终会有土地所有者愿意以较为便宜的价格出售土地，从而打破传统的土地私有垄断。

大城市周边的土地在增值之前肯定已经闲置多时，市政府购置地产不能期待迅速回收投资。盈利目的只能是屈居第二位的目标，此类投资的首要目标就是加快落实有序的城市开发规划，因为如果市府当局没有任何地产，这一进程将难以完成。由于购置的土地并不能即刻就获得利润，所以需要考察是否是城市继续保留土地的最佳时机，以便时机成熟时社区能够收获投资的利润。当营建行为是在信贷借款与抵押贷款扶植下开展起来的时候，就不可能完全重演中世纪租地造屋的历史。换句话说，市政当局必须找到一种方式从土地价值提高当中获利，而不是阻碍资助扶植营建事业。在哥本哈根，所有这些问题均交由一个委员会处理，1906 年根据该委员会的报告建议，城市以 80 ~ 90 年后仍由政府回购或直接返还给社区的前提基础上，推出了出售土地的政策。随后几年，哥本哈根就把城市地产有条件地出售，该举措对城市更为有利。现在，所有贷款早已还清，租期届满房产也会收归城市，对所有者无须给予任何补偿。这种做法与伦敦很多地方实行的长期租赁协议的条件大体一致。这样到 1951 年，哥本哈根又恢复到中世纪时的所有权状态了。

不仅是哥本哈根认识到了控制公共土地所有权的重要性。一项城镇规划调查发现：自古以来，只有全部土地完全控制在单一所有制体系下的时候，无论是国有、市有或私有，才能编制出周密的城市规划。一旦土地所有权被众多自私自利的小土地所有者所共享，整体规划及发展管控几乎是不可能实现的。

进入 20 世纪，人们竭力改善 19 世纪遗留下来的不利条件。市镇当局尝试收回部分在放弃土地所有权时丧失的权益，通过法律和管理手段加强权力，从而减少私人对土地的控制。多数大城市自然建立了复杂的建筑法规体系，使私有制成为泡影。但是迄今，这种方法还未体现出良好的效果。反而在大小方面都导致了过度的官僚主义，将决策权都仰赖于官僚的个人

土地与投机

在哥本哈根工人协作建房协会的开发区中所建的成排住宅。

土地与投机

判断，而且尚未证明他们有能力创造任何新鲜事物。立法阻止了私人规划，同时私人地域边界也妨碍了公共规划。摆脱这种恶性循环怪圈的最简便方法是土地收归公有，这使长期规划与永久性改造成为可能，保障了土地的占有与使用权，同时尽量避免干扰使用者，充分满足他们的需求。

其他一些市镇虽然不是实际地占有土地，但也正通过土地税的形式，努力控制土地。如果地产主必须为地产收益支付土地税，他们就不会再有兴趣投机亏本的地产生意。所有规划均可按部就班地实施，不必再考虑土地所有者的经济利益。

在城市规划问题最突出的国家，土地投机问题与公众利益之间的矛盾最为严重。在英格兰，大部分人口居住于城镇，大规模工业城市不加管控的发展产生了严重的隐患。针对这一难题，多个委员会都进行了研究。这类问题对国家都是举足轻重的，它不仅是针对个人的小块土地，或是单独的城市，而是整个国家。土地投机导致了住宅与工厂集中于一处，由此所致的弊端引发了肮脏的卫生条件与不必要的交通费用。如果规划机构拥有充分的权力能够决定重新排布住宅格局，搬迁到更为理想的区域，分布也更为松散，毫无疑问，如此一来部分土地所有者就会失去密集施建的机会。但是，国家土地的总价值并没有减少，甚者还有可能增加，因为住宅改善的结果是在全国范围整体提高了劳动效率。换句话说，理论上，更好的规划是转移了土地价值，而不会破坏价值。然而资本主义社会存在土地私有制，实际困难是如何在私有权利的局限之下制订更完善的规划，同时不会增加社会的负担。受损的土地所有者将提出赔偿要求，而国家向那些受益者收取费用更是万难实现。

1937年英国成立了一个委员会，就是众所周知的

"巴洛委员会"（the Barlow Commission），根据委员会主席蒙塔古·巴洛爵士（Sir Montague Barlow，1868—1951，英国律师）命名。委员会的工作就是去考察影响目前英国工业人口地理分布的原因和未来分布的变化方向，并且调查在大城镇或是特定地区的工业企业集中现象以及因工业人口集中而在社会、经济以及政策战略上产生的有利条件，并且从国家利益出发汇报相应的举措。

委员会建议成立一个政府机构——国家工业局（the National Industrial Board），有权决定何处可以开展建筑项目，建议国家工业局应该立即禁止在伦敦继续建立新的工业企业。委员会的委员帕特里克·亚伯克隆比爵士（Sir Patrick Abercrombie，1879—1957，英国规划师）在报告中说："只有充分解决了赔偿和改善等基础问题，才能真正改进土地开发的控制问题。"

1941年成立由大法官斯科特为主席的委员会（the Scott Committee），在1942年的报告中强烈建议实施全国规划。最终，同年法官尤斯瓦特为主席的委员会（the Uthwatt Committee）探讨了在全国范围实施规划面临的经济困难。该委员会反对将土地国有化作为切合实际的措施，建议由国家购买开发权利。

1947年国会通过的《城乡规划法令》（*Town and Country Planning Act*）遵循了这项建议。依照法令第10款的规定，1948年6月以后未经特别批准不允许将土地变更为新的用途。并且列举了无须申请的用途变更的例子，提及了原本设计是独户住宅，现改造为多间公寓的案例。地产贬值是未来开发日趋成熟的条件，将从3亿英镑的基金中支付赔偿金。另一方面，如果任何人在获得允许的前提下将土地改为新用途，从而提升了土地价值都将缴付授权费。由此，政府希望以此笔收费抵偿所支出的赔偿金。

土地与投机　　　　　这一难题到此暂告一段落。19 世纪泛滥的土地投机行为必须在 20 世纪加以遏制。国家必须肩负起责任，采取技术性规划并承担风险。

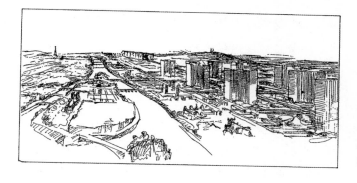

勒·柯布西埃建议的修建摩天大厦复兴巴黎的规划。图片是这位设计师大约在 1925 年时绘制的。

机能主义 FUNCTIONALISM

机能主义常常被提及为一种道德观念，一些人坚信如果心往一处想，劲往一处使，必然取得良好的结果。其他人则认为，机能主义仅仅是昙花一现，实际上属于落伍过时的东西。但是如果抛开时尚流行的因素，它是一种新的观察事物的重要方式。机能主义比空洞乏味的所谓道德准则要复杂得多。

改变人的全部观念框架需要逐渐地悉数渗透文化活动的所有领域。我们已经看到：透视原理的发现教会了欧洲人以一种全新的视角去观察事物。画家赋予人们深度感，体会到地球重力的存在。雕塑家往往还兼做建筑师，他们将建筑物修成巨大的纪念碑，地基基础异常牢固，然后一层层修筑起水平的层面，构成一个恢弘的整体。这与昔日的建筑理想模式截然相反。

哥特派建筑师崇尚升华冲天的雄心壮志，他们笔下的建筑都好像是摆脱了地球重力的束缚。他们擅长精美、大胆的结构，其杰作是大教堂。教堂内部遍布林立的纤细立柱，高度惊人；在柱顶部位，棵棵立柱相对弯折，像大树浓密的树枝一般。建筑外部是巨大的扶壁和拱门构成的框架结构，支撑在关键节点上防止薄弱的建筑结构外皮崩塌。哥特式大教堂就像是一

183

副精心准备的巨大骨架，肌肉和皮肤全都已经清除掉了。所有扶壁向上逐渐收缩，形成了细长的尖塔，装饰着蕾丝花边样的窗饰，这些更进一步提升了骨架式的外形。中世纪的泥瓦匠在创造这类高耸入云的建筑奇迹的过程中体验到了天真的快乐，塑造丰富的细部更使他们愉悦。伴随着文艺复兴运动的到来，与古希腊、罗马文明相比，可以发现他们的作品带有半开化的哥特人的粗野艺术风格。哥特人缺少固有的文化形式，也没有独立的建筑，细部设计凌乱不堪。

我们看到了两种观念的冲突，1665 年伟大的雕塑家兼建筑大师吉安·洛伦佐·伯尼尼从古典之都罗马来到火枪手们生活的哥特风格的巴黎。那时的法国首都，到处是塔楼和尖顶以及陡坡屋顶。他不无轻蔑地将这里的建筑比喻为锯齿状粗纺羊毛的机器。哥特风格建筑师自豪地将他们的建筑设计得轻巧精致，设计大师们的目标就是将建筑看起来比实际的更加雄伟稳重。华丽壮观取代了大胆与高雅的特质。

两种观念冲突的另一写照是 1588 年西班牙无敌舰队远征英国——高度文明、中规中矩的西班牙军队与组织松散、带有哥特习气的英国军人两股力量之间的对决。西班牙战舰盛装登场，它们所代表的文化是在丰富的形式与象征符号当中掩盖了构造上与功能上的特质。船只驶离锚地进入大海，宛如一座座光彩夺目的宫殿。当停泊在海岸避风处，极尽炫耀之能事。船员的海上生活与他们的岸上生活一样张扬，船上的日常起居就是一场遵循戏剧原则的连续演出。在这种程式化的生活中，每个人都要承担一定的角色，穿着合适的服装。此种生活在社会交往中赋予人高贵的尊严与十足的信心，但是工作效率低下。西班牙海军的战术简直就是宫廷仪礼的翻版。在船上，不仅在贵族军官与士兵之间存在等级差别，而且在水手与士兵之间也是三六九等。这些设置塔楼的笨重巨型帆船的任务是将作战部队运往作战区域。船上的士兵人数超过了水手。船员的工作就是把船驶进战场，开到指定位置。然后士兵们就犹如陆战一般各就各位，参加战斗。英国军队的组织则完全没有华而不实的花拳绣腿，虽然他们东拼西凑的舰队与无敌舰队相比，要寒酸得多，但是他们的船只非常易于操控驾驶。士兵与船员们训练有素，非常熟练地掌握航行与海战技艺。

一方面是重视浮华与排场，另一方面强调的却是质朴与实效，这两者之间永远是争论不休。专制政权最终决定选取前者，专制政体衰亡后，资产阶级社会不敢全盘放弃。作为早期文化的遗风，欧洲继续保留了一些象征性的高贵尊严。

从图中，我们看到了一对19世纪90年代的年轻人，他们像是我们祖父母辈的年纪，唇髭一丝不苟，笔挺的衬衣和衣领，外著别扭的暗色外套。单单是僵硬的衬衣前领穿上就极其不舒适，完全没有实际用处，只是一种阶层的象征。一眼就可以看出，穿这种服装的人根本不可能从事任何体力劳动。现今身穿花格子衬衣与短裤的年轻人与生活在19世纪末的同龄人相比俨然就是孩子。今天的青年夏天穿着轻便的衣物，兴致勃勃地骑着自行车，尽情骑行游历，根本无须顾及虚荣仪表。在一代人的时间里，发生了生活观念的巨大变革，而后世人早已将这些变革认为是理所当然的事。

赢得效率的愿望不是新鲜事物。工业与贸易已经开始寻找最实用的形式、最节约人力投入的方法。打字员打出的规整文件取代了一笔一画的手写。在以牟利为首要目标的各类经营活动中，节约劳动力投入备受推崇。上一代人在工作之余，讲求注重繁复缛节与礼仪的社交生活方式，他们厌恶放荡不羁者。最早的电影胶片记录下了这一幕，1895年法国卢米埃尔兄弟（奥古斯特·玛丽·路易·尼古拉斯·卢米埃尔（Auguste

机能主义

两名典型的19世纪90年代的学生。

185

Marie Louis Nicolas Lumière，1862 — 1954）与路易·让·卢米埃尔（Louis Jean Lumière，1864 — 1948），两兄弟是电影的发明人）拍摄的电影记录了一家工厂在午餐时间，一群收入微薄的穷困年轻女工从工厂中蜂拥而出，每个人沙漏形的腰身上穿着不合体的衣服，裙子下摆拖到地面。

玩草地网球的富家青年妇女，她们的外衣和工厂姐妹们的服装一样不合体。起初她们就是不想像母亲、祖母那样端庄地做家务，而是追求轻便地在户外与男子运动，这种解释并不令人信服。尽管流行户外运动，并且每个人都相信运动有益健康，但并不能就此完全抛弃温文尔雅。笨重的女性服装是最后一道障碍。当与异性运动时，要求年轻女孩奔跑，甚至跳跃，重要的是她们的服装要满足贤淑文雅的需要。在这种条件下，服装材质不能太薄，防止风力吹起衣裙。因而服装必须有一定的质量并且下摆宽大。今天我们很难想象 19 世纪 80、90 年代时的草地网球会是什么样子。我们脑海中浮现出：脸色苍白的年轻女子头戴小帽子，面纱一直拉到下巴以下，又在脖颈后面打了个结。更为开明自由的妇女，则戴着男式的平顶草帽，用帽针别住。妇女的胸部用胸衣紧束起来，肩膀处是肥大的泡泡袖，在球场上随着跑动轻轻摇动，满场都是色彩斑斓的浪潮……男士们也是穿戴不合时宜的衣帽。

从长远看，这种状况不可能持续下去。游戏运动有它的主旨和规则，从本质上讲是有别于正常社会交往的，社会交往决定了服装形式。一个生活在维多利亚时代的人，手持球拍走入球场，一定感觉自己进入了一个全新的世界。他们将周围的环境全都用长毛绒和流苏以及各种小摆设装饰起来，所有东西都必须包裹起来，哪怕是钢琴的一条腿都要用花边和捏褶掩盖。进入毫无装饰的方形网球场地一定像是穿着毛衣和棉衣在壁炉边过了整整一个冬天之后，春天一到就跳进

盐水中潜水顿时令人为之一振的滋味。球手们会不会是毫无激情地走入这片经缜密计算、没有丝毫装饰痕迹的素颜球场？噢，我们那些生活在维多利亚时代的先人们掌握的网球技艺仅停留在缩手缩脚的下手发球——与今日的激烈竞技不可同日而语。然而，网球仅仅是游戏运动而已，这项运动受到理性主义的推崇。五大洲的青年们满腹热情地钻研发球技巧，令对手难以反击。每年都会设想出更为刁钻的击球方法。哪种职业运动都比不上网球研究得如此透彻、如此投入。这项运动需要在完善的装备配合下，瞬间调动每一块肌肉都参与运动，穿着仅能满足日常生活需求的服装根本无法从事这项运动。恰恰是网球运动成就了愈加舒适的服装，今天，网球短裤与汗衫已经被男女两性普遍接受。

上流社会在运动和竞技中学会了玩味未加修饰的本色美，崭新的风格应运而生。早期的舞蹈断断续续，中间还穿插了鞠躬和致意，后来才演进为连贯持续的旋律，放弃了肤浅的表面文章，专注于效率。其内在本质融入了当代的豪华奢侈品，比如游船、赛艇以及流线型的汽车。逝者和生者同时属于两个世界，没有任何共同之处。19 世纪末，在世人眼中具有时代风格的公寓街区特别漂亮。然而当建筑还在从往时的作品中获得设计灵感时，现代自行车出现了——由钢管、橡胶和辐条巧妙装配而成的奇迹。骑行在乡间，车子还会发出咕噜咕噜的声响。在丹麦拍摄的早期无声电影中，一部电影的拍摄背景是文艺复兴时期的国王克里斯蒂安四世时代，哥本哈根的罗森堡是古装演出的背景。不知怎的，一辆未被察觉、靠着城墙停放的自行车竟被拍进了电影，整部电影必须重拍。这种穿越时代的错误，在电影中是不能允许的。但在真实生活中，却无关紧要。现实中，人们生活于历史与现实的交融之中：历史以装饰与宏大见长；现实则偏好优雅与轻

机能主义

机能主义

巧的事物，不重装饰，但绝对重视形式。

一部分人观察到了文化上的失调，住屋和家具都是完全模仿古制，而其他日用器具却全都是新式样。建议艺术家应回归永恒的自然，而不是在历史建筑当中寻找主题。在巴黎，法国电影在仙人掌、朝鲜蓟、五叶银莲花、松果、睡莲等自然物种的激励下积极创造美妙的事物。在自然界中，尤其从植物与花朵当中，工业艺术发现了新的灵感来源。19世纪末挖掘自然灵感，在花朵线条的影响下不仅给工业艺术，而且给建筑设计都带来了新鲜血液，从此建筑当中不再有僵硬的笔调。细瘦的铁柱，好像巨大的花朵枝茎，遍布建筑周身，就像从枝茎伸出的藤蔓，布满屋顶和天窗。油画上的各种趋势也保持了相同的风格。日本的木刻与绘画在欧洲艺术界产生了最为强烈的反响。油画这门艺术忽略了透视与重力作用，只是专注于将对自然的研究融入高雅、富有韵律的线条以及明快的色彩之中，没有任何的阴影。

艺术家开始创作不同于历代已流行多年的绘画作品，建筑师看到了设计富有韵律节奏与光线的建筑的可能。

这种称为"新艺术"（art nouvean）的新艺术风格开始流行，像哥特式、文艺复兴式与洛可可式一样，为化装舞会增添了另一种风格形象。人们开始购买"新艺术"风格的家具，而不再购买安妮女王式（Queen Anne）或者雅各布森式（Jacobean）的家具，但基本形式保持不变：板式沙发、适宜安装隔板的橱柜以便于展示银器、外交官式写字台、中央餐桌、花架、瓷器柜、屏风、梳妆台、盥洗台，只是装饰外形不同罢了。还没有发展到将家具设计成运动器材一般美观与实用的时代。愈是追求风格新颖，愈是毫无前途。

新建筑的出现必须能够比传统建筑更好地解决现代难题，新建筑理想必须以此为基础，就像运动那样。

维克多·荷塔（Victor Horta，1861—1947，比利时建筑师）：修建于1893年的布鲁塞尔都灵街（Rue de Turin）住宅中的铁柱。

两次大战之间的一段时期是一个发展起点。人们学着欣赏砖石地基、引人注目的立面和典型室内装饰以外的其他更有价值的元素。以前从未有过如此众多的人群从事室外运动。夏季，人们离开坚固优美的家，住进了帐篷。他们发现挣脱了世俗的服饰、生活传统与阶层束缚之后的轻松愉快。各种礼仪服饰——燕尾服、硬领衬衣、硬翻高领以及宽领带，逐渐无人问津了。取而代之宽松、舒适的运动装渐渐成为理想的装束。

绘画艺术再次融入建筑之中，推动了新的表现形式。早期绘图艺术教会了欧洲人在透视关系当中观察事物，将它们视为沉重的塑性物体。今天现代绘画教育人们辨识整体美。绘画的表面借助于色彩的搭配融合能够具有了艺术价值，完全独立于空间的透视关系与错觉。艺术家再次寻求纯粹绘画的艺术理想，取代了19世纪特别受人钟情的叙事与浪漫风格的艺术。观赏者没有自问图画代表了哪些内容，而只是关注色彩与线条相互搭配构成的图案。换句话说，早先图面被视为立体事物的表面，但现在赋予了色彩斑斓的图面独立的价值。

一位住在法国自称"勒·柯布西埃"的瑞士建筑师，开始引领通向新建筑的前进道路。柯布西埃还是一位画家，20世纪20年代他是立体派艺术家。同时，也是一位天才的作家，他撰写的大量文章与著述成功宣传了他的艺术理念。1925年巴黎举办了一次工业艺术与室内装饰展，柯布西埃是唯一一位有新创意理念的设计师。在展览上，他建起了一座自认为属于摩天大楼类型的全新公寓形式。自古以来，都将居住概念解读为与外界隔绝并具有安全感与舒适感。柯布西埃的公寓却拥有与外部世界——蓝天、绿树的联系。所有的小房间全都围绕着一间两层高的大房间，房间的一侧完全敞开。居民可以坐在户外花园式凉廊中，而

机能主义

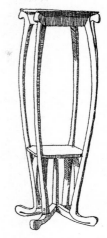

亨利·范·德·维尔德（Henry van de Velde, 1863－1957，比利时设计师）：放置盆栽棕榈的花架，下层放蕨类植物。家具的全部线条极尽表达之能事。功能极其简单，但精心制作的曲线形花架腿是典型的"新艺术"形式。

机能主义

勒·柯布西埃：独户住宅速写。屋顶花园。

且仍旧可以保持私密性，就好像公园高高飘浮在空中。每个房间的外墙上有一整排窗子，室内光线十分充足。整套公寓像医院一样明亮整洁。住房不再是博物馆或是反映居住者经济地位、负担轻重的证明物，而是转变为能够满足现代人需求、组织合理的居所。根据柯布西埃的观点，这些要求首先包括：光线与空气、自由运动以及美丽的景观。这类住宅是为喜好运动的一代人设计，特别是运动过后的休息放松之用。这一代人不必再摆出拉斐尔油画中人物的雄姿。这里没有了漫步的古典柱廊，取而代之的是安乐椅，惬意地坐在椅子里可以尽情欣赏天空中漂浮的云朵和枝叶浓密的树木。柯布西埃没有受到历代建筑的影响，而是获得了远洋客轮甲板上长排窗户、低矮的帆布躺椅与开阔景观的启发。不会有任何事物来阻隔人们的视线。

　　钢筋混凝土帮助建筑师实现他的设计理想。老式的房屋由柱子、过梁和横梁支撑，他把它们全都减省了。现在房屋采用了内部支柱体系建造，支撑着水平的钢筋混凝土楼板。房屋的地板就是挑出支柱外面的过梁。它们就像是由玻璃和明亮的外墙围合并保护的

勒·柯布西埃：速写。对户外绿地景观的建筑幻想。

阳台，发挥不了结构支撑作用。

在柯布西埃之前，很多建筑物都是用钢材或者钢筋混凝土内部支撑骨架建成的。人们将支撑架构精心隐藏起来，使建筑外观呈现为巨大的石制结构。

有很多种方法能够使建筑看起来比实际的更为坚固。一种方法是将厚重的石制外角运用在建筑物的棱角处。紧密相结在一起的粗糙石块使人感觉墙体更加厚重，但事实并非如此。墙体开洞同样用粗石垒砌，好像暗示着："墙体实在太沉重了，费了九牛二虎之力才关上门"。墙体下部巨大的粗石块和大胆突出的檐口赋予建筑物雄伟、粗犷的外观。但这仅仅是令建筑看起来更加坚固的方法，当然还有其他方法使建筑看起来比实际的更为明亮。

下面就是柯布西埃的处理方法。一面墙上玻璃窗上沿的高度齐平于另一面墙上阳台的下沿，楼层平面交互滑动融合好像整座建筑是纸牌组成的。其实很自然，即便最轻薄的钢筋混凝土构筑物肯定也会有一定的厚度。然而，如果将每一楼层的外表面漆为一种颜色便可能使人产生楼面毫无厚度的错觉。在巴黎和哥

191

机能主义

勒·柯布西埃的素描。

本哈根都会发现建有三角山墙的房屋，尽管可能是鹤立鸡群一般高过周边建筑，但如果在立面上树立起颜色迥异的巨幅广告，便不会给人留下过分笨重的印象。观察者不可能从一个整体的建筑物上分辨出许多不同颜色的楼层。柯布西埃在建筑中运用墙体广告、表层喷涂以及立体主义艺术的经验，使他的建筑成为色彩搭配的奇迹，结果导致建筑物好像全无重量，甚至比飞机和自行车都要轻盈。一切富丽堂皇、感人难忘，无用累赘的装饰全部一扫而光。

柯布西埃是一位狂热的机械崇拜者。他曾经说过："房子是居住的机器"，对此的解读是：房子的发展趋势是纯粹功能性的艺术，属于乏味无趣的机械构造。但是根据柯布西埃的理论，机器传达了我们时代的节奏与诗意，他的愿望是去创造充满诗情画意的美好事物。柯布西埃可爱的画作便是佐证。他揭示了儒勒·加布里埃尔·凡尔纳（Jules Gabriel Verne, 1828 — 1905, 法国科幻小说家）面对科技奇迹表现出的欣喜若狂，但他首先是从绘画艺术中获取的灵感。

192

机能主义

勒·柯布西埃的素描。

　　他希望住宅能处于优越的位置，从每一扇窗户都能看到美景。1942 年，当他编写著名的《人类居所》(*La Maison des Hommes*) 一书时，偶然瞥见旅馆房间的壁纸，他记述到"发现了令人心旷神怡的景象，展现了秩序井然的世界，没有任何个人的私欲"。在源于现实的、富于浪漫色彩的专制主义史诗般景观中，他看到了自己的理想。纯粹视觉上的享受，通过被动观察获取快感，这完全不同于英国式的理想——会给予每个人引领积极生活的机会。

　　从每一扇窗户被动地欣赏美景必定无法满足性格活跃主动的英国人的需求。英国人的理想住宅都带有一座花园，他能够栽种植物，修枝打叶，从屋子窗户一眼望去便可见自然景色。1898 年埃比尼泽·霍华德 (Ebenezer Howard, 1850 — 1928, 英国城市规划学者) 规划了花园城市，他将城市生活的诸项优势与乡村生活的乐趣结合起来。尽管勒·柯布西埃具有现代主义观点，但他依然秉持专制时代以及拿破仑三世时代拟定的巴黎规划方案。他计划使巴黎城更加迷人，更具

193

机能主义

复制的勒·柯布西埃《人类居所》书中一张古色古香的法国壁纸细部。

现代特色，新建的高层住宅比奥斯曼时期的房屋条件大加改善，就像让—夏尔·阿尔法德所设计的那样公园环抱四周，景观变幻莫测，浪漫诱人。霍华德拥有发明家的性格，他尝试"农村人"的营建理想：在乡村林地旁边修建独户住宅，便捷地通达开阔的农地。他不青睐大城市，认为应该将它们拆分为容易操控的小规模社区、小市镇组群，每一座市镇都有自己的社交生活与管理机构；换句话说，实际上与伦敦相仿。柯布西埃与霍华德都想废止19世纪那种沉闷乏味的灰色出租屋。他们都是改革者，分别从法国和英国的角度提出了各自的革新观点。

19世纪在英国出版了一批介绍理想城市规划的书籍。最著名的市镇案例是伯恩维尔（Bournville），坐落于巧克力生产厂商吉百利1879年在伯明翰的工厂附近。

埃比尼泽·霍华德1898年的规划是新建一批独立的城镇，与现有人口或工业毫无关联。全部土地归属社区和居民，实行自治。同时，城镇的规模也受到限制，霍华德建议的人口数量为3万，与其他中世纪城镇一样四周为农田环绕，面积达城镇面积的5倍。城镇与乡村协调一致，二者紧密衔接。农地足以供给城镇居民新鲜食物和乳制品。霍华德竭力缩减产品运输环节，但这并不意味着他反对现代技术；相反，他积极倡导采用现代技术，实现工厂采用电力驱动，消除燃煤的浓烟，这在19世纪90年代是难能可贵的。他将整座城镇视为一家巨大的企业，消耗最少的时间与能量，无须采用极端精密的机械，仅仅通过初步的规划即可轻松实现正常运转。城镇拥有独立的农田，它也应该合理建有自己的工业，以便居民们在居家与工作地之间的路途最短。城镇拥有文化设施，为生活于乡间的居民提供城市生活的各项便利条件。霍华德相信，如果落实他的规划，绝对可以避免土地投机的可能。居民们每年缴纳一次土地租金，租金全部上缴社区。

当得知霍华德没有花费时间去传播抽象的花园城市理念时，我们便可以了解霍华德的一些性格特点。他激情饱满地去开始兴建一座花园城市。对他来说，最重要的是在一个地方实现他的理想，使科学研究为人们创造更多的发展机遇，而不仅仅局限于现有城市所提供的条件。在他撰写的介绍花园城市的小册子中没有过分夸大其辞的诱人插图，也没有描述花园城市生活比大城市更加健康的文字，而是叙述了如何筹集建设资金以及城镇怎样开支运用等内容。仅有的插图就是几张示意图，其中一张包括了三块磁铁，一块磁铁代表了城市生活的魅力，另一块代表了乡村生活的魅力，第三块则反映了花园城市如何将上述二者的优势结合起来。另一张图反映了霍华德心目中未来的城市类型。在城市发展当中，放弃了追求大城市的扩张，而是在愈加广泛的范围内穿插分布着绿洲。他设想了一套围绕原始城镇、由小城镇构成的"星系系统"，城镇之间由林地分隔，并由简易运输道路相连。修建独户住宅并不是花园城市的先决条件，居民们可以自行决定他们的生活方式。这便是霍华德急于传达的愿望——城市中的人们有机会根据个人的愿望安排自己的生活。无论如何，住宅类型绝不是投机商的最大利益决定的。所有人都愿意住花园洋房，大家走投无路才搬进出租屋的。

霍华德成功地说服一批有社会影响力的人士接受了他的观点，在1902年成立了"花园城市有限公司"（Garden City Co. Ltd）来推行他的计划。1903年第一座花园城市莱奇沃思（Letchworth）开始启动，它坐落于铁路附近，距离伦敦40英里。1917年随着城市范围的不断扩大，成立了市议会。1920年，第二座花园城市韦林（Welwyn）也在伦敦附近建立起来。在第二次

机能主义

里约热内卢附近一块著名的巨石。

巨石四周的荒山，以及涌上巨石的大海泡沫。

棕榈树和香蕉树，充满热带风情景色。将躺椅放在合适的位置，尽情地欣赏。

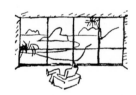

突然，出现了框景和四条倾斜的透视线。透过窗子，可以看到一览无余的风景，全部呈现在眼前。

勒·柯布西埃《人类居所》书中典型的插图和说明——鲜明地揭示了他被动欣赏美景的兴趣；相反，英国人却是在运动休闲时光当中寻求主动的愉悦。

机能主义

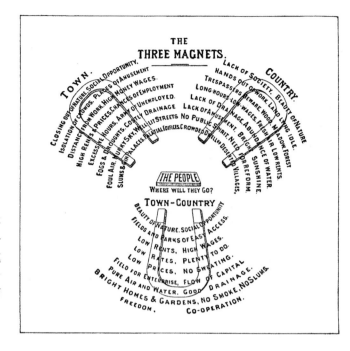

埃比尼泽·霍华德1898年的《明日》（*Tomorrow*）一书中的插图。它反映了城乡生活的优势与弊端，并提出了第三种选择——结合了上述二者优点的花园城市。

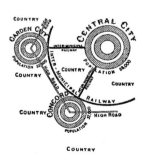

1898年埃比尼泽·霍华德建议的星系城镇系统。

世界大战爆发前，两座花园城市已经分别拥有 18000人和 15000人的居民。这是在现代条件下首次如同中世纪一般在新址上建成的两座独立城镇。两座花园城市绝不是展示用途的样板城镇，而是货真价实的城市，建立了大小规模不等的工业以及完整的居民社会生活。

霍华德的目标是开创一座实验性的花园城市并研究此类城市的利弊得失。其他一些人坚持将大城市拆分为行星体系的小城镇，并立刻将它作为疗治社会顽疾的灵丹妙药。同时，霍华德清醒地描述了排布城镇功能的优势所在，可以避免不必要的交通建设。一部分人的结论证实了在平稳均衡的小城镇中居民的生活更为幸福愉快，品德愈为高尚。居民们相互关怀，并非像居于大城市当中的人们那样，不过是庞大机器上的一颗螺栓而已，异常孤寂与自私。花园城市的倡导者们没有注意到人流大量涌入大城市的事实，其实这些人更应该留在小城镇。

花园城市的完整理论深植于英国人的心理上、英国人的生活方式当中及其政治生活上。比如，同其他国家相比，英国国会的议员与选民之间保持着非常密切的关系。在英国历史上，地方政府担当了非常重要的角色，很容易成为市民讽刺的对象。20世纪30年代独裁统治猖狂一时，美国人民与英国人民确信防止出现德国那种群体暴力的最佳方法是将整个国家划分为众多的小城镇，居民们也都相互了解。

第二次世界大战进一步推进了盎格鲁—撒克逊国家（Anglo-Saxon countries，指五个以英语为官方语言的国家，包括：英国、美国、澳大利亚、加拿大和新西兰）花园城市理念的发展，并成为了一条规划原则。英国城市规划人员面对的是饱经战争摧残后英国城市的各种棘手难题。他们清醒地意识到在重建启动之前必定会历经漫长的等待，需要他们去创造未来的城市。至关重要的是，在经历了战争的恐怖与磨难之后，要提供民众愉悦的生活，鼓励人们憧憬美好的未来。还有什么比居住在美丽的花园城市里的田园居所更令人惬意，各个阶层的人们和谐安宁地聚居一处。这就是日常生活的基本概况。战争教会了人们两项原则：第一，大家冲破了层层社会障碍，建立团结一致的价值观；第二，摆脱传统束缚获得解放。从外部世界获取的欢愉唤醒了仍旧居住在中世纪狭窄、封闭城市中的人们相互合作，大家和睦相处，这种生活正是花园城市倡导者们主张的理想生活。各个阶层悉数投入了战时工作，人们蜷缩在防空洞中躲避空袭，学会了相互尊重。而在平时，根本没有相见的机会。完整的街区突然化作了一堆瓦砾，但这相反有助于消除人们囿于传统城市生活的种种旧观念。此时的不动产要比房地产更为重要。

虽然夜间遭受了毁灭性的轰炸，而到了白天城市

机能主义

规划人员则又会忙于创造未来的理想美景。在两年的时间内，拟定出了未来大伦敦的蓝图规划。规划将巨大分散的城市分成了许多由绿化带分割的小单位，城外依据最新的构想创建了一批卫星城。以手册形式出版了城市规划，书中精心编写的说明文字陈述了存在的问题，并配以许多精美的插图——既有历史照片，也有未来诱人的远景图。

这幅场景恰恰是笃信自由与个性的霍华德所提议的方案，它已成为设计标准融入了由英国城市规划人员随时随地使用的规划体系。英国战后的困难条件使其难以履行战争期间对未来的承诺。随着战争压力的终结，旧有的阶层障碍又卷土重来，期待生活在没有阶层差别的小城镇的愿望逐渐消退。这样，英国的规划师们绞尽脑汁地思考创造小城镇，便于居民贴近自然，并且从花园、学校和运动场等硬件设施受益；柯布西埃正在马赛营建他的理想城镇——全镇2000居民落户于港口附近的一栋大厦里。建筑是一座摩天大楼，从每一扇窗户向外眺望，附近景色一览无余。居民们可以在楼内的合作餐厅用餐，在购物街上的商店购物。全镇居民都沿着通向电梯的走廊居住，电梯可以迅速将人们输送到屋顶花园或是地下停车场。除了疏于考虑在这一环境中如何教育儿童，其他每一项设计都是为居民服务的，艺术与技术并重。

从英国的花园城市与柯布西埃的摩天大楼，我们获得了一个新概念"双城记"。

战争期间，各种建筑材料的稀缺迫使很多国家，包括丹麦在内，不得不采用更为保守的建筑方法——使用砖头和木材，而战前已经开始运用钢筋、水泥作为建材。在很多场合，建筑师也缺乏想象力，来充分利用机能主义所提供的设计自由，只能沿用更为传统的建筑方法与过去的旧套路权作应急之术。从长远看，现代文明制造了很多营建难题，而且有代表性的传统

笨重建筑无法解决这些问题，建筑师将被迫学习利用
机能主义宣示的设计自由去解决这些难题。

机能主义